# Illustrator CC 平面设计

# 实战从入门到精通

## 视频自学全彩版

创锐设计　编著

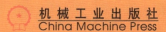

机械工业出版社

China Machine Press

U0038856

## 图书在版编目(CIP)数据

Illustrator CC平面设计实战从入门到精通:视频自学全彩版/创锐设计编著.— 北京:机械工业出版社,2018.9(2021.8 重印)

ISBN 978-7-111-61012-0

Ⅰ. ①I… Ⅱ. ①创… Ⅲ. ①平面设计－图形软件 Ⅳ. ① TP391.412

中国版本图书馆 CIP 数据核字(2018)第 221995 号

本书从初学者的学习需求出发,采用"任务导向"的编写思路,将知识点融入大量贴近实际商业应用的典型实例当中,在具体操作中讲解 Illustrator CC 的核心技法,达到学以致用的目的。

全书共 10 章。第 1 章讲解软件的基本操作。第 2 章讲解如何绘制各种规则图形、特殊图形和任意路径。第 3 章讲解如何对绘制完的图形进行填充和描边。第 4 章讲解选择、旋转、缩放、锁定／解锁、调整堆叠顺序、对齐／分布、编组／解组、隐藏／显示等组织和管理图形对象的操作。第 5 章讲解镜像翻转、倾斜、液化变形、操控变形、封套扭曲变形、图形样式等图形的高级处理操作。第 6 章讲解图层和蒙版的应用。第 7 章讲解文字的添加和编辑。第 8 章讲解符号和图表的应用。第 9 章讲解效果的应用。第 10 章讲解如何运用动作功能实现自动化操作,以及作品的输出和打印。

本书内容翔实,图文并茂,可操作性和针对性强,适合广大 Illustrator 初级、中级用户,以及有志于从事平面设计、插画设计、包装设计、网页制作等相关工作的人员阅读,也可作为培训机构、大中专院校相关专业的教学辅导用书。

# Illustrator CC 平面设计实战从入门到精通(视频自学全彩版)

出版发行:机械工业出版社(北京市西城区百万庄大街22号　邮政编码:100037)

责任编辑:杨　倩　　　　　　　　　　　责任校对:庄　瑜

印　　刷:北京富博印刷有限公司　　　版　　次:2021 年 8 月第 1 版第 5 次印刷

开　　本:185mm×260mm　1/16　　　印　　张:16

书　　号:ISBN 978-7-111-61012-0　　定　　价:79.80 元

凡购本书,如有缺页、倒页、脱页,由本社发行部调换

客服热线:(010)88379426　88361066　　　投稿热线:(010)88379604

购书热线:(010)68326294　88379649　68995259　　读者信箱:hzit@hzbook.com

# 前　言
## PREFACE

　　Illustrator 是 Adobe 公司推出的矢量图形绘制软件，以其强大的功能、直观的界面、便捷的操作深得专业设计人员的青睐，被广泛应用于排版印刷、插画绘制、网页制作、多媒体图像处理等诸多领域。

　　Illustrator CC 是 Illustrator 产品史上升级幅度较大的一个版本，在功能及操作的智能化和人性化方面均有很大提升。本书即以 Illustrator CC 为软件平台，从初学者的学习需求出发，采用"任务导向"的编写思路，通过解析大量精美而典型的实例，在具体操作中讲解软件的知识和技法，达到学以致用的目的。

## ◎ 内容结构

　　全书共 10 章，由浅入深、全面详尽地解析了 Illustrator CC 的各项核心功能和操作技法。第 1 章讲解软件的基本操作。第 2 章讲解如何绘制各种规则图形、特殊图形和任意路径。第 3 章讲解如何对绘制完的图形进行填充和描边。第 4 章讲解选择、旋转、缩放、锁定 / 解锁、调整堆叠顺序、对齐 / 分布、编组 / 解组、隐藏 / 显示等组织和管理图形对象的操作。第 5 章讲解镜像翻转、倾斜、液化变形、操控变形、封套扭曲变形、图形样式等图形的高级处理操作。第 6 章讲解图层和蒙版的应用。第 7 章讲解文字的添加和编辑。第 8 章讲解符号和图表的应用。第 9 章讲解效果的应用。第 10 章讲解如何运用动作功能实现自动化操作，以及作品的输出和打印。

## ◎ 编写特色

### ★ 内容丰富，图文并茂

　　本书内容较为全面，提炼了 Illustrator CC 软件功能和操作的核心知识点，并站在初学者的角度进行详细讲解，每个知识点和操作步骤都配有清晰直观的图片，让读者能够轻松地自学掌握并灵活应用。

### ★ 实例典型，操作性强

本书通过精心设计，将知识点融入贴近实际商业应用的典型实例当中，让学习过程变得轻松、不枯燥。书中还穿插了许多从实践中总结出来的"技巧提示"，让读者在掌握软件操作的同时汲取专业设计人员的工作经验，快速提高实战能力。

### ★ 视频教学，轻松自学

本书配套的云空间资料提供所有实例的相关文件和操作视频。读者按照书中讲解，结合文件和视频边看、边学、边练，能够直观、快速地理解和消化知识和技法，学习效果立竿见影。

### ★ 扩展练习，巩固所学

为了帮助读者巩固所学的内容，本书在每章的末尾提供两道课后练习题，并且每道题都对操作技术要点进行了提示。读者可以回顾前面所学的知识，根据操作提示完成练习，检验自己的学习效果。

## ◎ 读者对象

本书适合广大 Illustrator 初级、中级用户，以及有志于从事平面设计、插画设计、包装设计、网页制作等相关工作的人员阅读，也可作为培训机构、大中专院校相关专业的教学辅导用书。

由于编者水平有限，本书难免有不足之处，恳请广大读者批评指正。读者除了可扫描二维码关注公众号获取资讯以外，也可加入 QQ 群 736148470 与我们交流。

编者

2018 年 10 月

# 如何获取云空间资料

 **一　扫描关注微信公众号**

在手机微信的"发现"页面中点击"扫一扫"功能，如右一图所示，进入"二维码/条码"界面，将手机摄像头对准右二图中的二维码，扫描识别后进入"详细资料"页面，点击"关注公众号"按钮，关注我们的微信公众号。

 **二　获取资料下载地址和提取密码**

点击公众号主页面左下角的小键盘图标，进入输入状态，在输入框中输入本书书号的后 6 位数字"610120"，点击"发送"按钮，即可获取本书云空间资料的下载地址和提取密码，如下图所示。

 **三　打开资料下载页面**

在计算机的网页浏览器地址栏中输入前面获取的下载地址（输入时注意区分大小写），如右图所示，按 Enter 键即可打开资料下载页面。

 **四　输入密码并下载资料**

在资料下载页面的"请输入提取密码"文本框中输入前面获取的提取密码（输入时注意区分大小写），再单击"提取文件"按钮。在新页面中单击打开资料文件夹，在要下载的文件名后单击"下载"按钮，即可将其下载到计算机中。如果页面中提示选择"高速下载"或"普通下载"，请选择"普通下载"。下载的资料如果为压缩包，可使用 7-Zip、WinRAR 等软件解压。

> **提示**
>
> 读者在下载和使用云空间资料的过程中如果遇到自己解决不了的问题，请加入 QQ 群 736148470，下载群文件中的详细说明，或者向群管理员寻求帮助。

# 目 录

## CONTENTS

**第8章**

# 符号和图表的应用

**第9章**

# 效果的应用

**第10章**

# 自动化与输出

# 第**1**章

## Illustrator 的基本操作

学习使用 Illustrator 绘制图形之前，需要先学习 Illustrator 的基本操作，如创建和打开文件、以不同方式查看窗口中的图稿、建立参考线等。只有熟练掌握这些基本操作，才能在绘制图形的过程中提高工作效率。本章将通过讲解两个实例，带领读者学习 Illustrator 的基本操作。

# 1.1 制作清新柔美的信纸

　　信纸是一种切割成一定大小、用于写信的纸张。一张信纸上除了划有辅助文字书写的横线，还会有底纹、边角花纹等装饰性的图案。使用 Illustrator 可以手动绘制信纸，本实例为了帮助读者学习软件的基本操作，将采用一种更简单的方式，利用准备好的素材快速拼合出漂亮的信纸效果。该信纸使用左右对称的花纹作为展示背景，并添加了花朵和心形图案等作为修饰，营造出清新柔美的画面风格。

## 1.1.1 文件的基本操作

　　应用 Illustrator 设计作品前，需要掌握文件的基本操作，如创建新文件、打开和置入文件、在不同的文件中移动图像等，下面分别对这些基本操作进行介绍。

◎ **素　材：** 随书资源\实例文件\01\素材\01.ai～05.ai
◎ **源文件：** 随书资源\实例文件\01\源文件\详细操作\文件的基本操作.ai

### 1. 新建文件

　　开始处理文件前，需要先启动 Illustrator，然后新建文件，并设置文件的参数，具体操作步骤如下。

**01 启动Illustrator**

在操作系统桌面上单击"开始"按钮，在打开的列表中单击"Adobe Illustrator CC 2018"命令，启动 Illustrator。

**02 选择创建的文件类型**

执行"文件 > 新建"菜单命令，打开"新建文档"对话框，❶在对话框中单击"打印"标签，❷单击 A4 纸张类型。

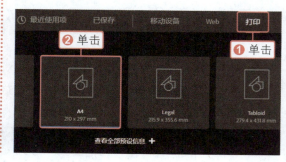

### 03 输入文件名称并设置文档方向

❶在"新建文档"对话框右侧的文本框中输入文件名称，❷单击"方向"下方的"横向"按钮，设置完成后单击"创建"按钮。

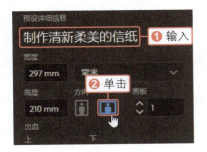

### 04 创建新文件

随后软件会根据输入的名称和指定的方向，在工作界面中创建一个新的空白文件。

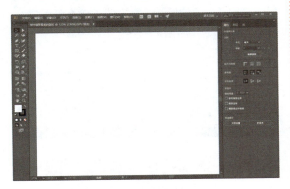

## 2. 存储文件

　　创建文件后，为避免文件因断电等原因丢失，可以在处理之前先对它进行存储。在 Illustrator 中，可以通过执行"文件 > 存储"和"文件 > 存储为"菜单命令，存储正在编辑的文件，具体操作步骤如下。

### 01 执行"存储为"菜单命令

要将文件存储到指定位置，可执行"文件 > 存储为"菜单命令，打开"存储为"对话框。

### 02 指定存储位置

在"存储为"对话框中，❶选择需要存储文件的目标文件夹，由于在新建文件时已经设置好了文件名，所以选择好目标文件夹后，❷单击"保存"按钮。

### 03 指定存储位置

弹出"Illustrator 选项"对话框，在对话框中采用默认的设置，单击"确定"按钮，存储文件。

## 3. 打开文件

　　要对文件进行处理，需要先将文件打开。在 Illustrator 中，执行"文件 > 打开"菜单命令或按快捷键【Ctrl+O】，都可以打开文件。下面将打开素材文件，再将文件中的图形移动到新建的文件中，具体操作步骤如下。

### 01 执行"打开"菜单命令

执行"文件 > 打开"菜单命令，或者按快捷键【Ctrl+O】，打开"打开"对话框。

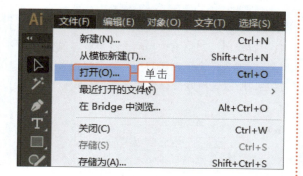

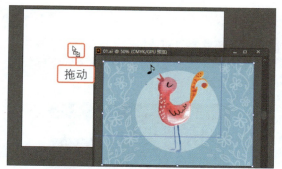

### 02 选择需要打开的文件

❶在"打开"对话框中找到并单击需要打开的素材文件 01.ai，❷然后单击对话框下方的"打开"按钮。

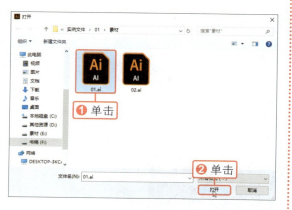

### 03 查看文件的内容

返回工作界面，即可在绘图窗口中看到打开的素材文件的内容。

### 04 移动文件中的图形

选中工具箱中的"选择工具"，单击选中打开的素材文件中的背景图形，将其拖动到新建的文件中。

### 05 关闭文件

将素材文件中需要的图形拖动到新建的文件中以后，执行"文件 > 关闭"菜单命令，或单击窗口右上角的"关闭"按钮，关闭素材文件。

### 4. 置入文件

除了通过打开并移动的方式向文件中添加图形或图像，还可通过执行"文件 > 置入"菜单命令，将需要的图形或图像素材置入到文件中。置入的图形或图像以形状的形式显示，可进一步调整其大小和角度等，具体操作步骤如下。

### 01 绘制信纸背景

选用"矩形工具"在页面中绘制两个矩形，再分别设置为不同的大小。

第1章

## 02　选择要置入的文件

执行"文件 > 置入"菜单命令，打开"置入"对话框，❶在对话框中的"查找范围"下拉列表框中选择素材文件的路径，❷在中间的列表框中单击要置入的文件，❸单击"置入"按钮。

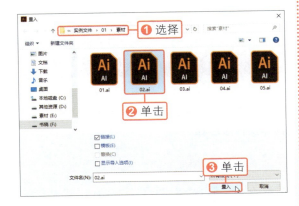

**技巧提示　同时置入多个文件**

　　打开"置入"对话框后，如果需要同时置入多个文件，可以在"置入"对话框中按住【Ctrl】键不放，依次单击需要置入的多个文件，将它们同时选中，然后单击"置入"按钮。

## 03　拖动鼠标置入文件

返回工作界面，在需要置入图形的白色信纸上方单击并拖动，当拖动到合适大小后，释放鼠标，将选择的素材文件置入到信纸上方。

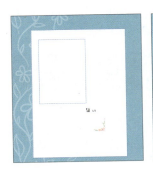 

## 04　继续选择置入更多文件

执行"文件 > 置入"菜单命令，打开"置入"对话框，在对话框中同时选中多个文件，单击"置入"按钮。

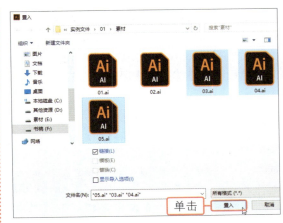

## 05　调整置入的图形

在右侧信纸上连续单击并拖动，置入更多的图形，再将置入的图形放置到合适的位置上，完成右侧信纸的制作。

## 06　查看置入图形后的效果

继续使用同样的方法，在左侧偏小一些的信纸上方也置入相同的文件，得到更漂亮的信纸效果。

## 1.1.2 显示和查看文件

在使用 Illustrator 进行设计时，用户可以通过改变屏幕模式或使用"缩放工具"和"抓手工具"来查看图稿的整体效果或局部的细节效果。

◎ 素　材：无
◎ 源文件：随书资源\实例文件\01\源文件\详细操作\显示和查看文件.ai

### 1. 更改屏幕模式查看

Illustrator 中有"正常屏幕模式""带有菜单栏的全屏模式""全屏模式"3 种屏幕模式，为用户提供了不同的操作空间及图稿显示效果。下面将在不同的屏幕模式下查看前面制作的信纸的整体效果，具体操作步骤如下。

**01　选择"带有菜单栏的全屏模式"**

Illustrator 默认以"正常屏幕模式"显示图稿。单击工具箱底部的"更改屏幕模式"按钮，在展开的菜单中单击"带有菜单栏的全屏模式"选项，此时在全屏窗口中显示图稿，文档窗口标题栏被隐藏，并显示菜单栏、工具箱、面板等。

**02　选择"全屏模式"**

单击"更改屏幕模式"按钮，在展开的菜单中单击"全屏模式"选项，此时在全屏窗口中显示图稿，文档窗口标题栏、菜单栏、工具箱、面板等被隐藏。

### 2. 使用"缩放工具"查看

在 Illustrator 中，使用"缩放工具"可以对正在编辑的图稿的显示比例进行快速缩放，具体操作步骤如下。

**01　选择"缩放工具"**

❶单击工具箱中的"缩放工具"按钮，❷将鼠标指针移到绘图窗口中，指针将变为🔍形。

**02　放大显示图稿**

单击鼠标，将放大显示绘图窗口中的图稿。如果还需要放大显示，可继续单击。

第 1 章

### 03 缩小显示图稿

如果需要对放大显示的图稿进行缩小，则将鼠标指针移到绘图窗口中，按住【Alt】键不放，此时指针会变为 Q 形，单击即可缩小显示图稿。

**2** 移至
**1** 单击

### 02 拖动以查看图稿

在绘图窗口中单击并拖动鼠标，就可以移动并查看不同区域的图稿效果。

### 3. 使用"抓手工具"查看

"抓手工具"可以在绘图窗口中移动画板。选择"抓手工具"，然后在绘图窗口中单击并拖动，即可将画板移到不同的区域，具体操作步骤如下。

### 01 选择"抓手工具"

**1** 单击工具箱中的"抓手工具"按钮，**2** 将鼠标指针移到绘图窗口中，指针将变为 🖐 形。

## 1.2 制作企业徽标

　　徽标以简洁显著且易识别的物象、图形或文字符号为直观语言来传递信息。企业的徽标是企业形象传递过程中出现频率最高、应用最广泛的关键元素。本实例将为某眼科医院设计一个徽标。根据眼科医院的业务领域，使用经过艺术化设计的眼睛图案作为徽标的主体。在配色上采用蓝色和绿色的搭配，蓝色用于表现医院亲和、关爱的服务宗旨，绿色则用于表现医院给患者带来的健康和光明。整体设计简洁大方、一目了然。

原 图

效果图

## 1.2.1 显示/隐藏标尺

在绘制图形时，标尺可帮助用户准确定位画板中的对象。默认情况下，标尺处于隐藏状态，可以通过执行"显示标尺"命令显示标尺。下面将创建一个"制作企业徽标"的文件，并在工作界面中显示标尺，具体操作步骤如下。

◎ **素 材：**无
◎ **源文件：**随书资源\实例文件\01\源文件\详细操作\显示/隐藏标尺.ai

**01 创建新文件**

执行"文件 > 新建"菜单命令，打开"新建文档"对话框，在对话框中设置选项，创建一个新的文件。

**02 执行命令显示标尺**

执行"视图 > 标尺 > 显示标尺"菜单命令，或者按快捷键【Ctrl+R】，显示标尺。

## 1.2.2 定义参考线

参考线可以帮助对齐图稿中的文本和图形对象，它不会被打印出来。在 Illustrator 中创建参考线的方法有两种，下面分别进行介绍。

◎ **素 材：**无
◎ **源文件：**随书资源\实例文件\01\源文件\详细操作\定义参考线.ai

### 1. 建立自定义参考线

Illustrator 可以建立自定义参考线，即将图稿中绘制的矢量图形转换为参考线对象，具体操作步骤如下。

**01 使用"矩形工具"绘制图形**

在"制作企业徽标"文件中，❶单击工具箱中的"矩形工具"，❷在画板中单击并拖动，绘制一个矩形图形，用于确定要绘制的徽标图形的大小和位置。

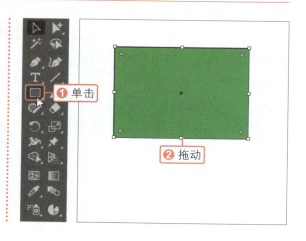

第 1 章

## 02 执行命令建立参考线

执行"视图 > 参考线 > 建立参考线"菜单命令或按快捷键【Ctrl+5】，将绘制的图形转换为参考线。

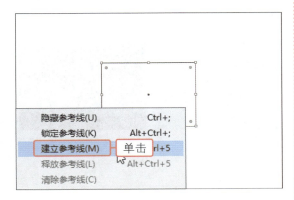

## 03 根据参考线绘制图形

选择"钢笔工具"，在创建的参考线中间绘制出徽标图形，并在"颜色"面板中设置图形填充颜色为 R22、G144、B198。

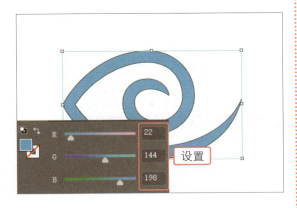

## 04 继续绘制图形

继续在参考线中间绘制图形，在"颜色"面板中设置图形填充颜色为 R127、G190、B38。

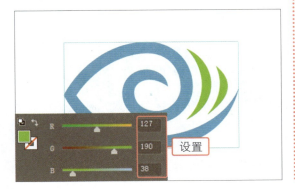

## 2. 建立标尺参考线

　　标尺参考线可以帮助用户更精确地放置图形对象。下面通过添加标尺参考线，完成更多徽标图形的制作，具体操作步骤如下。

## 01 显示标尺并拖动

执行"视图 > 标尺 > 显示标尺"菜单命令或按快捷键【Ctrl+R】，显示标尺，将鼠标指针移到垂直标尺上，单击并向右拖动鼠标。

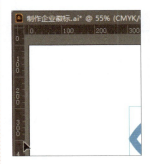

## 02 创建垂直参考线

拖动到适当的位置后，释放鼠标，建立垂直的标尺参考线。使用同样的方法，从垂直标尺上拖出更多的垂直参考线。

## 03 创建水平参考线

将鼠标指针放置在水平标尺上，单击并向下拖动，建立水平的标尺参考线。

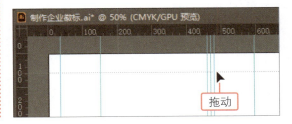

### 04　创建更多水平参考线

继续使用同样的方法，从水平标尺中拖动出更多的水平参考线。

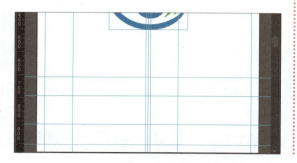

### 05　根据参考线绘制图形

根据建立的参考线，使用"矩形工具"在画面中单击并拖动，绘制出两个同等大小的矩形，并为其填充上不同的颜色。

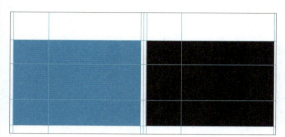

## 1.2.3　图形的基本操作

在 Illustrator 中绘制图形时，除了需要掌握参考线的设置，还需要掌握一些图形编辑的基本操作，如复制与粘贴图形、还原和重做操作等。下面将选取绘制的徽标图形并进行编辑，完成徽标图形的设计。

◎　素　材：无
◎　源文件：随书资源\实例文件\01\源文件\详细操作\图形的基本操作.ai

### 1.　复制和粘贴图形

在 Illustrator 中，通过执行"复制"和"粘贴"命令可以完成图形的复制，具体操作步骤如下。

### 01　选中需要复制的图形

❶单击工具箱中的"选择工具"按钮，❷按住【Shift】键不放，依次单击选中需要复制的徽标图形。

### 02　复制选中的图形

执行"编辑 > 复制"菜单命令，或按快捷键【Ctrl+C】，复制选中的徽标图形。

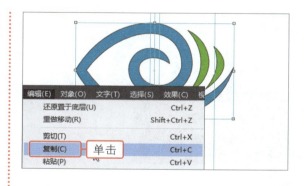

### 03　粘贴复制的图形

执行"编辑 > 粘贴"菜单命令，或按快捷键【Ctrl+V】，将复制的图形粘贴到原图形上方。

## 2．移动和调整图形

复制并粘贴得到的图形的位置和大小往往不能满足要求。为了得到所需的设计效果，还要将图形移到正确的位置，再对它进行适当的缩放操作。下面将把复制出的徽标图形移到下方的矩形中，并缩放其大小，直至与参考线对齐，具体操作步骤如下。

### 01 选中并移动图形

使用"选择工具"选中复制的徽标图形，将鼠标指针置于图形中间位置，当指针显示为▸形时，单击并向下拖动。

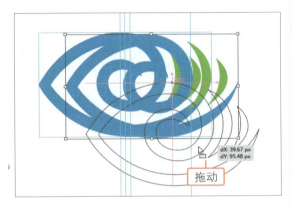

**技巧提示** **选择后方对象**

按住【Ctrl】键不放并单击鼠标，即可选中位于单击处的对象后方的对象。

### 02 调整图形位置

当拖动到黑色矩形上方时，释放鼠标，即可将复制的图形移到相应的位置。

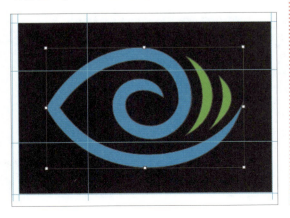

### 03 缩小图形

确认要缩放的徽标图形为选中状态，将鼠标指针移到图形右下角的控制点上，按住【Shift】键不放，单击并向上拖动鼠标，等比例缩小图形。

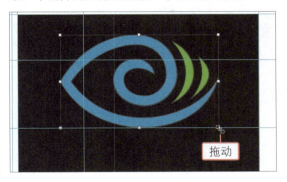

### 04 继续缩小图形

继续单击并拖动鼠标，缩小图形，直到图形完全被参考线所构成的区域包围为止。

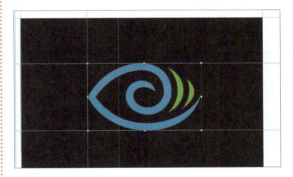

### 05 拖动并复制图形

按住【Alt】键不放，单击缩小后的徽标图形并向左拖动到蓝色矩形上方，即可快速复制图形，再根据参考线调整图形的位置。

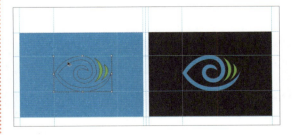

### 06 更改图形填充颜色

❶使用"选择工具"单击选中蓝色的图形，❷在工具箱中把填充颜色更改为白色，显示出完整的徽标图形。

**② 设置**

**① 选择**

### 07 添加公司名和广告语

使用"文字工具"在编辑好的徽标图形下方单击，输入公司名和广告语，完成徽标的设计。

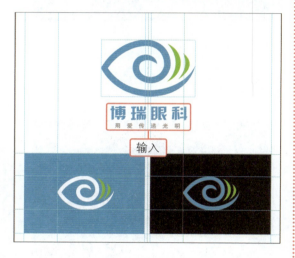

**输入**

### 08 执行命令隐藏参考线

执行"视图 > 参考线 > 隐藏参考线"命令，隐藏画面中的参考线，查看设计完成后的效果。

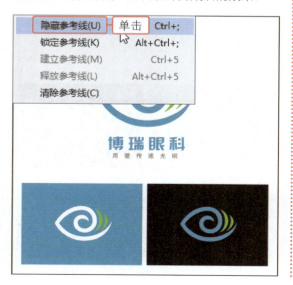

| 隐藏参考线(U) | **单击** | Ctrl+; |
| 锁定参考线(K) | | Alt+Ctrl+; |
| 建立参考线(M) | | Ctrl+5 |
| 释放参考线(L) | | Alt+Ctrl+5 |
| 清除参考线(C) | | |

### 3. 还原和重做操作

在编辑图形时，难免会出现一些错误的操作，用户可以使用"还原"和"重做"命令来对操作进行撤销或重做，具体操作步骤如下。

### 01 移动图形位置

使用"选择工具"选择徽标图形，将其拖动到其他位置。

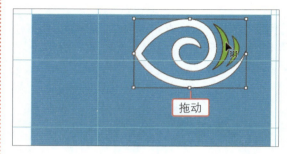

**拖动**

### 02 执行"还原移动"命令

执行"编辑 > 还原移动"菜单命令，执行命令后，可以看到图形又回到移动之前的位置。

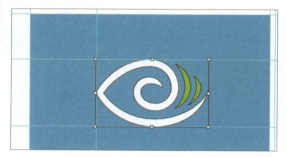

### 03 执行"重做移动"命令

执行"编辑 > 重做移动"菜单命令，将上一步进行的移动操作重做一次，图形又回到移动之后的位置。

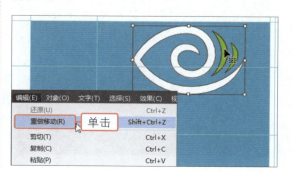

| 编辑(E) 对象(O) 文字(T) 选择(S) 效果(C) 视 | | |
| 还原(U) | | Ctrl+Z |
| 重做移动(R) | **单击** | Shift+Ctrl+Z |
| 剪切(T) | | Ctrl+X |
| 复制(C) | | Ctrl+C |
| 粘贴(P) | | Ctrl+V |

# 1.3　课后练习

本章通过两个典型的实例讲解了 Illustrator 软件的基本操作，包括文件的基本操作、查看工作界面中的图稿、参考线的应用等。下面通过习题来进一步巩固所学知识。

## 习题1——制作彩色圣诞老人信纸

在节日来临时使用专用的信纸给亲朋好友写信，可以更好地传达祝福。本习题要设计一款用于圣诞节的信纸，在设计中使用圣诞老人的卡通形象作为装饰，恰到好处地烘托出了浓浓的节日氛围。

●创建一个空白文件，打开背景素材，将其拖动到新建的空白文件中；

●通过置入文件的方式将线条、文字及圣诞老人图像置入画面的相应位置；

●绘制矩形背景，复制图像，完成叠加的信纸设计。

◎ **素　材：**随书资源\课后练习\01\素材\01.ai～03.ai
◎ **源文件：**随书资源\课后练习\01\源文件\制作彩色圣诞老人信纸.ai

## 习题2——绘制女装品牌徽标

品牌徽标的设计需要充分考虑到对企业理念的表现力，从企业现有形象、业务范围出发进行创意设计。本习题要为某品牌女装设计徽标，根据女性的审美偏好，构建简单的花朵图形，塑造企业形象，再利用明亮的色彩搭配，加深企业形象。

●启用网格，根据具体情况在页面中创建参考线，划分页面布局；

●运用矢量绘图工具在画面上半部分绘制徽标图形，再添加相应的文字；

●复制徽标图形，参照创建的参考线，将图形移到合适的位置。

◎ **素　材：**无
◎ **源文件：**随书资源\课后练习\01\源文件\绘制女装品牌徽标.ai

# 第2章

# 基本的图形绘制

　　矢量图形是由以数学公式定义的直线和曲线构成的，当用户查看矢量图形文件时，计算机再把这些公式转换成图像显示在屏幕上。因此，可以对矢量图形进行自由的缩放、移动等操作而不会降低图像质量。作为一款矢量图形绘制软件，Illustrator 提供了多种绘图工具，不仅能绘制矩形、椭圆、星形、多边形等简单的几何形状，以及螺旋线、网格等特殊图形，还能自由地绘制任意路径。本章就来讲解不同绘图工具的应用。

# 2.1 制作时尚版式名片

　　名片是交际中用于自我介绍的卡片。名片的标准尺寸有 90 mm×54 mm、90 mm×50 mm、90 mm×45 mm 等，在设计时加上上下左右的出血各 2 mm，因此，制作尺寸一般设定为 94 mm×58 mm、94 mm×54 mm、94 mm×49 mm 等。本实例要为某科技公司和某美容机构设计名片。为科技公司设计名片时，针对其企业文化与经营理念，选用蓝色作为背景主色调，给人以沉稳安静的印象，再在名片的背面和正面绘制公司徽标，以突出品牌形象。为美容机构设计名片时，添加了五角星图形和光晕效果，与机构的名称相呼应。

## 2.1.1 使用绘制矩形的工具

　　绘制矩形的工具分为"矩形工具"和"圆角矩形工具"。使用"矩形工具"可绘制具有直角的长方形或正方形，使用"圆角矩形工具"可绘制具有圆角的长方形或正方形。

◎ 素　材：无
◎ 源文件：随书资源\实例文件\02\源文件\详细操作\使用绘制矩形的工具.ai

### 1. 使用"矩形工具"

　　在工具箱中选择"矩形工具"后，在画板中单击或拖动鼠标就能完成矩形的绘制。采用拖动鼠标的方式绘制时，同时按住【Shift】键可绘制正方形。

**01 设置填充颜色**

创建一个新文件，❶在工具箱中单击"渐变"图标 ◨，❷在"渐变"面板中设置好要填充的渐变颜色，做好绘制矩形的准备工作。

**02 通过拖动鼠标来绘制图形**

❶单击工具箱中的"矩形工具"按钮 ▭，❷沿着画板边缘单击并拖动鼠标，绘制出一个与画板大小一致的直角矩形图形。

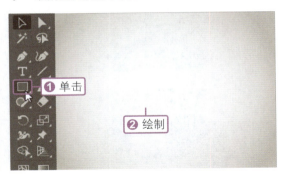

第
2
章

## 03　更改填充颜色

按快捷键【Shift+Ctrl+A】，取消矩形的选中状态。❶单击工具箱中的"颜色"图标▣，打开"颜色"面板，❷在面板中设置新的填充颜色。

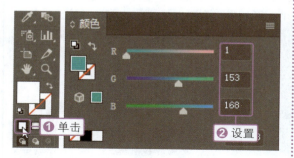

## 04　通过输入尺寸来绘制图形

在画板中需要绘制矩形的位置单击，打开"矩形"对话框，根据名片的规格尺寸，❶输入"宽度"为 94 mm、"高度"为 58 mm，❷单击"确定"按钮，即可绘制出指定尺寸的矩形。

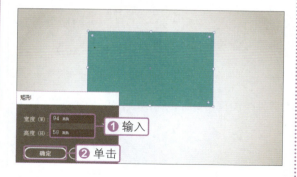

## 05　绘制同等大小的矩形

将鼠标指针移到下方留白的背景位置并单击，打开"矩形"对话框，在对话框中输入相同的"宽度"和"高度"值，单击"确定"按钮，绘制另一个同等大小的矩形。

## 06　绘制同等高度的矩形

将鼠标指针移到下方矩形右侧，❶单击并拖动鼠标，绘制一个高度相同、宽度不同的矩形，选中新绘制的矩形，❷在工具箱中设置填充颜色。

## 2. 使用"圆角矩形工具"

　　"圆角矩形工具"的使用方法与"矩形工具"类似，可以通过单击或拖动的方式绘制带圆角的矩形。使用"圆角矩形工具"在画板中单击时，在打开的对话框中会增加一个"圆角半径"选项，用于调整圆角弧度，设置的数值越大，角越平滑。

## 01　设置选项

❶选择工具箱中的"圆角矩形工具"▢，在画板中单击，打开"圆角矩形"对话框，❷在对话框中输入"宽度"为 78 mm、"高度"为 17 mm、"圆角半径"为 28 mm，❸单击"确定"按钮。

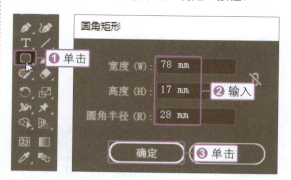

## 02　更改填充颜色和位置

此时软件根据输入的参数，在画板中绘制了一个圆角矩形。在"颜色"面板中更改圆角矩形的填充颜色，再用"选择工具"将其移到合适的位置上。

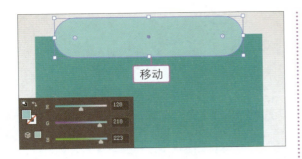

移动

R 128
G 218
B 223

基本的图形绘制

## 03 用"刻刀工具"分割图形

❶选择工具箱中的"刻刀工具"✎，❷将鼠标指针移到圆角矩形左侧边缘位置，按住【Alt】键不放，单击并向右拖动，分割图形。

❷ 拖动

◆ 橡皮擦工具 (Shift+E)
✂ 剪刀工具 (C) ▶
▪ ✎ 刻刀 ❶ 单击

## 04 删除图形

单击工具箱中的"选择工具"按钮▷，单击选中分割出来的上半部分圆角矩形，按【Delete】键，删除图形。

单击

## 05 设置选项并绘制图形

❶单击工具箱中的"圆角矩形工具"按钮▱，在画板中单击，打开"圆角矩形"对话框，保持对话框中参数值不变，❷单击"确定"按钮，绘制出更多同等大小的圆角矩形。

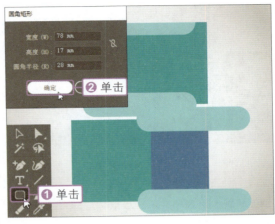

圆角矩形

宽度(W): 78 mm
高度(H): 17 mm
圆角半径(R): 28 mm

确定 ❷ 单击

❶ 单击

## 06 删除多余图形

使用与步骤 03、步骤 04 相同的方法，分割这些圆角矩形，并删除多余的部分，完成名片基础部分的制作。

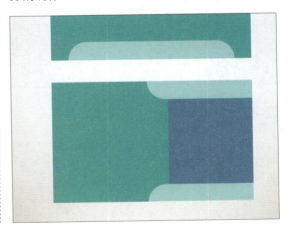

## 2.1.2 使用"椭圆工具"

使用"椭圆工具"可以绘制椭圆或正圆图形，其使用与设置方法与绘制矩形的工具相同。下面使用"椭圆工具"绘制名片中的信息栏，具体操作步骤如下。

◎ 素　材：随书资源\实例文件\02\素材\01.ai
◎ 源文件：随书资源\实例文件\02\源文件\详细操作\使用"椭圆工具".ai

## 01 使用"椭圆工具"绘制图形

❶在工具箱中单击"颜色"图标▫，❷设置要绘制圆形的填充颜色，❸单击"椭圆工具"按钮⬭，将鼠标指针移到画板上，按住【Shift】键不放，单击并拖动，绘制正圆形图形。

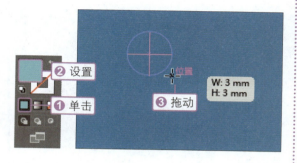

## 02 查看绘制的图形

当拖动到一定大小后，释放鼠标，即可绘制出一个正圆形图形，此时在"变换"面板中会显示绘制的圆形的宽度和高度值。

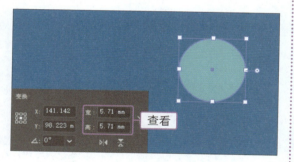

## 03 设置选项并绘制圆形

在画板中单击，打开"椭圆"对话框，在对话框中根据"变换"面板中的参数值，❶输入"宽度"为 5.71 mm、"高度"为 5.71 mm，❷单击"确定"按钮，即可绘制一个同等大小的正圆形。

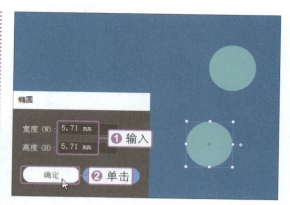

## 04 绘制圆形添加图标

使用同样的方法，在下方继续绘制两个同等大小的圆形。打开 01.ai 素材文件，将文件中的小图标移到圆形中间，再调整至合适的大小。

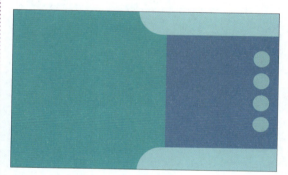

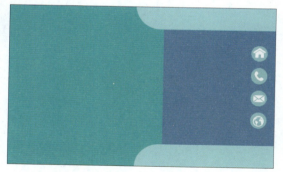

## 2.1.3 使用"多边形工具"

使用"多边形工具"可绘制最少 3 条边、最多 1000 条边的规则多边形。选择"多边形工具"后在画板中单击，将打开"多边形"对话框，在该对话框中可以指定要绘制的多边形的半径、边数等。下面将应用"多边形工具"在名片中绘制三角形图形，具体操作步骤如下。

◎ 素　材：无
◎ 源文件：随书资源\实例文件\02\源文件\详细操作\使用"多边形工具".ai

## 01 创建参考线并设置填充颜色

按快捷键【Ctrl+R】，显示标尺，❶将鼠标指针移到垂直标尺上，单击并向右拖动，在名片中间位置创建一条垂直参考线，❷单击工具箱中的"渐变"图标▣，❸设置要绘制的多边形的填充颜色。

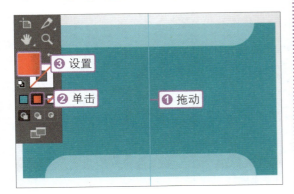

## 02 设置"多边形"选项

按住工具箱中的"矩形工具"按钮不放，❶在展开的工具组中单击选择"多边形工具"，单击画板中的任意位置，打开"多边形"对话框，❷在对话框中输入"半径"为5.5 mm、"边数"为3，❸单击"确定"按钮。

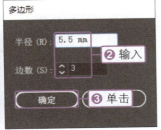

## 03 移动三角形图形

此时在名片上方绘制出一个红色的三角形图形。选择"选择工具"，根据步骤01创建的垂直参考线，将绘制的三角形移到参考线中间位置。

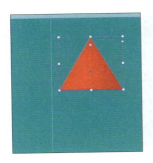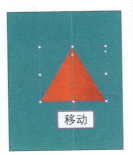

## 04 复制并翻转三角形图形

❶按住【Alt】键不放，单击并向上拖动鼠标，复制出一个三角形图形，❷打开"属性"面板，单击"变换"选项组中的"垂直轴翻转"按钮▣，再将翻转后的图形移到合适的位置。

## 05 绘制更多三角形图形

继续使用同样的方法，绘制出更多同等大小的三角形，再为图形设置不同的填充颜色。

## 06 复制徽标图形并添加文字

选择工具箱中的"选择工具"，按住【Shift】键不放，依次单击选中组成徽标图形的三角形。按住【Alt】键不放，单击并向下拖动，复制图形，移到名片正面左侧。最后使用"文字工具"在名片正面和背面输入文字内容，完成名片的制作。

## 2.1.4 使用"星形工具"

使用"星形工具"可以绘制出最少 3 个角点、最多 1000 个角点的星形。角点数可通过"星形"对话框进行设置。下面使用该工具在名片中绘制五角星，具体操作步骤如下。

◎ 素　材：随书资源\实例文件\02\素材\02.ai
◎ 源文件：随书资源\实例文件\02\源文件\详细操作\使用"星形工具".ai

**01　选择"星形工具"**

打开 02.ai 素材文件，❶在工具箱中设置要绘制的星形的渐变填充颜色，按住工具箱中的"矩形工具"按钮■不放，❷在展开的工具组中单击选择"星形工具"。

**02　设置"星形"选项**

在画板中的任意位置单击，打开"星形"对话框，❶在对话框中输入"半径1"为 3.5 mm、"半径2"为 1.35 mm、"角点数"为 5，❷单击"确定"按钮。

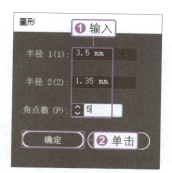

**03　移动五角星图形**

软件会根据输入的参数值，在画板中绘制一个五角星图形。用"选择工具"将绘制的星形图形移到合适的位置。

**04　复制星形并调整角度、大小和位置**

选中绘制的星形图形，按住【Alt】键不放，单击并拖动，复制出多个星形图形，并将复制的星形图形调整至合适的角度、大小和位置。

**05　继续绘制星形图形**

❶在工具箱中设置新的渐变填充颜色，❷单击选择"星形工具"，在画板中单击，打开"星形"对话框，❸在对话框中输入"半径1"为 0.9 mm、"半径2"为 0.32 mm、"角点数"为 5，❹单击"确定"按钮。

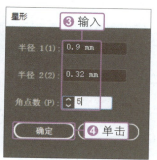

## 06 移动并复制星形图形

软件根据输入的参数值，在画板中绘制一个五角星图形。用"选择工具"将绘制的星形图形移到合适的位置，然后结合【Alt】键，在旁边适当的位置复制两个同等大小的星形图形。

**闲会馆**
★ ★ ★

## 2.1.5 使用"光晕工具"

使用"光晕工具"可以创建具有明亮的中心、光晕、射线及光环的光晕对象，模拟出照片中的镜头光晕效果。选择"光晕工具"，在画板中单击并拖动可以绘制光晕，具体操作步骤如下。

◎ 素　材：无
◎ 源文件：随书资源\实例文件\02\源文件\详细操作\使用"光晕工具".ai

### 01 选择"光晕工具"

❶按住工具箱中的"矩形工具"按钮▨不放，❷在展开的工具组中单击选择"光晕工具"。

### 02 设置"光晕工具选项"

双击"光晕工具"按钮，打开"光晕工具选项"对话框，❶设置各项参数，❷单击"确定"按钮。

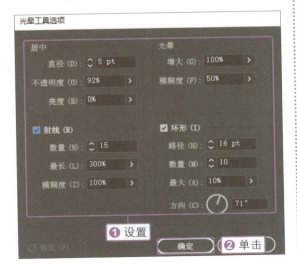

### 03 绘制光晕中心

在画板中按住鼠标左键不放，设置光晕的中心手柄，拖动改变中心的大小、光晕的大小，并旋转射线角度，达到所需效果时释放鼠标。

### 04 绘制光晕光环

再次按住并拖动鼠标为光晕添加光环，并放置末端手柄，当末端手柄达到所需位置时释放鼠标，完成一个光晕的绘制。

| 05 | 绘制另一个光晕 |
|---|---|

继续使用相同的方法，将鼠标指针移到另一位置，单击并拖动鼠标，绘制出另一个光晕。

| 06 | 查看效果 |
|---|---|

完成光晕绘制后，取消光晕的选中状态，在画板中可以看到添加的光晕效果。

---

**技巧提示** | **更改光晕颜色**

使用"光晕工具"绘制光晕后，如果要更改光晕颜色，可以执行"对象＞扩展"菜单命令，打开"扩展"对话框，在对话框中单击"渐变网格"单选按钮，然后将光晕对象取消编组，就可以分别更改光晕、光圈、射线等部分的颜色。

---

## 2.2 绘制一组扁平化图标

各类 UI 界面设计中，简约的扁平化设计风格越来越受到人们的喜爱。在本实例中，将使用不同工具绘制一组扁平化图标。在设计过程中，对具象化的图形进行了简化处理，舍弃了渐变、阴影、高光等拟物化的表现方式，对简单的图形应用不同的颜色加以填充，并进行组合，从而打造出扁平化的图标效果。

原 图

效果图

### 2.2.1 使用"直线段工具"

使用"直线段工具"可以一次绘制一条直线段。选择工具箱中的"直线段工具"后，在画板中单击并拖动，即可绘制直线段。如果需要精确绘制直线段，则可以在画板中单击，在打开的"直线段工具选项"对话框中设置直线段的长度和角度等。下面将使用"直线段工具"绘制矢量图标，具体操作步骤如下。

◎ 素　材：无
◎ 源文件：随书资源\实例文件\02\源文件\详细操作\使用"直线段工具".ai

## 01　设置"圆角矩形"选项

新建一个空白文件，❶单击工具箱中的"圆角矩形工具"按钮▢，在画板中单击，打开"圆角矩形"对话框，❷在对话框中输入"宽度"为66 mm、"高度"为66 mm、"圆角半径"为10 mm，❸单击"确定"按钮。

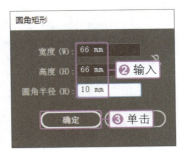

## 02　更改圆角矩形填充颜色

软件会根据输入的参数在画板中绘制一个圆角正方形图形，然后在工具箱中更改填充颜色，得到背景图形。

## 03　设置"直线段工具选项"

❶单击工具箱中的"直线段工具"按钮▨，在画板中直线段开始处单击，打开"直线段工具选项"对话框，❷在对话框中输入"长度"为39.46 mm、"角度"为7°，❸单击"确定"按钮。

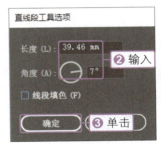

## 04　更改直线段描边粗细

软件会根据设置的参数，绘制一条倾斜的直线段。为让直线段变得更粗，可以对它进行描边，执行"窗口 > 描边"菜单命令，打开"描边"面板，❶在面板中将"粗细"设置为 4 pt，❷单击"端点"右侧的"圆头端点"按钮▣，为绘制的直线段添加描边效果。

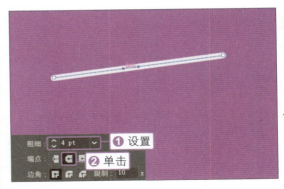

## 05　继续绘制水平直线段

将鼠标指针移到倾斜直线段下方，将指针定位到直线段开始处，然后按住【Shift】键，单击并向右拖动到直线段终止处，绘制出两条水平直线段。

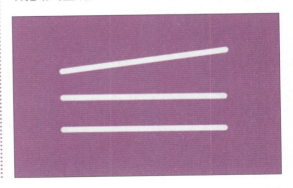

基本的图形绘制

### 06 绘制垂直直线段

将鼠标指针定位到三条直线段左上方位置，按住【Shift】键不放，单击并向下拖动，绘制一条垂直直线段，打开"描边"面板，❶在面板中设置"粗细"为 1.5 pt，❷单击"圆头端点"按钮 C，为线条设置不同粗细的描边效果。

### 07 绘制更多线条组成图形

继续使用同样的方法，在紫色的圆角矩形中绘制出更多的直线段，组成购物车图形，最后在下方应用"椭圆工具"绘制购物车的轮子，完成第一个图标的设计。

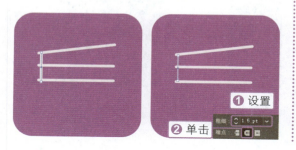

## 2.2.2 使用"弧形工具"

使用"弧形工具"可以在画板中直接拖动来创建弧线，也可以通过"弧线段工具选项"对话框中的选项来调整绘制的弧线的弯曲度等，具体操作步骤如下。

◎ 素　材：无
◎ 源文件：随书资源\实例文件\02\源文件\详细操作\使用"弧形工具".ai

### 01 复制图形并更改颜色

用"选择工具"选中前面绘制的紫色圆角矩形，按住【Alt】键不放，单击并向右拖动，复制一个同等大小的圆角矩形，然后在工具箱中对复制的矩形的填充颜色进行更改。

### 02 选择"弧形工具"

按住工具箱中的"直线段工具"按钮 不放，❶在展开的工具组中单击选择"弧形工具"，❷在圆角矩形中需要绘制弧线的位置单击。

### 03 设置"弧线段工具选项"

打开"弧线段工具选项"对话框，❶在对话框中输入"X 轴长度"为 36 mm、"Y 轴长度"为 36 mm，❷设置"斜率"为 45，❸单击"确定"按钮。

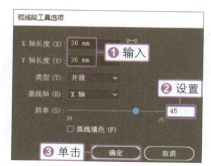

## 04 旋转并移动弧线

软件会在鼠标单击处绘制一条弧线。使用"选择工具"选中弧线，将鼠标指针移到编辑框右侧转角位置，单击并向下拖动，旋转弧线，再将其移到合适的位置。

## 05 调整描边颜色和粗细

❶在工具箱中单击"描边"色块，启用描边，并设置描边颜色，打开"描边"面板，❷在面板中设置"粗细"为 17 pt，❸单击"圆头端点"按钮，为弧线添加描边效果。

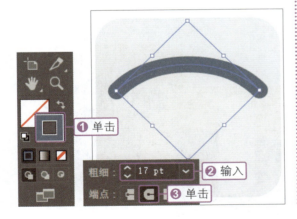

## 06 重新设置工具选项

选择"弧线工具"，❶将鼠标指针移到灰色圆角矩形中单击，打开"弧线段工具选项"对话框，❷在对话框中输入"X 轴长度"为 22 mm、"Y 轴长度"为 22 mm，其他参数不变，❸单击"确定"按钮。

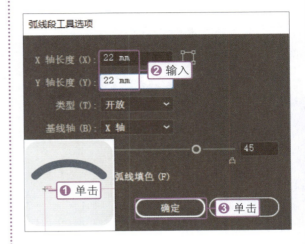

## 07 绘制弧线和圆形

软件会在鼠标单击处创建第二条弧线。应用相同方法，对弧线进行适当旋转。最后在弧线下方绘制一个相同颜色的圆形，完成图标的制作。

## 2.2.3 使用"钢笔工具"

　　"钢笔工具"是 Illustrator 中最为常用的矢量绘图工具。使用"钢笔工具"可以很方便地绘制出需要的路径或图形。如果要应用"钢笔工具"绘制直线段，只需要在画板中连续单击添加锚点；如果需要绘制曲线段，则在曲线改变方向的位置添加一个锚点，然后拖动构成曲线形状的方向线即可。

◎ 素　材：无
◎ 源文件：随书资源\实例文件\02\源文件\详细操作\使用"钢笔工具".ai

### 01 复制矩形并在中间绘制椭圆形

复制一个圆角矩形，将圆角矩形填充颜色更改为黄色。选择"椭圆工具"，在黄色圆角矩形中绘制几个叠加的椭圆形，分别为其填充不同的颜色，组成帽檐。

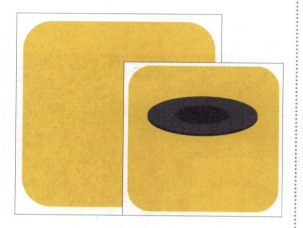

### 02 绘制直线段

设置填充颜色为白色、描边颜色为"无"，❶选择工具箱中的"钢笔工具"，❷将鼠标指针移至所需的直线段起点并单击，定义第一个锚点，❸在希望直线段结束的位置再次单击，添加第二个锚点。

### 03 绘制曲线

将鼠标指针移到需要绘制曲线的位置，单击添加一个锚点，并按住鼠标不放，拖动以设置要创建的曲线的斜度，然后松开鼠标，完成曲线的绘制。使用同样的方法绘制更多的直线和曲线路径，最后将鼠标指针定位在第一个锚点上，此时鼠标指针变为 ◆ 形。

### 04 继续绘制图形

单击并拖动，绘制曲线路径，并闭合路径。继续使用相同的方法，应用"钢笔工具"绘制帽子的其他部分，完成此图标的绘制。

## 2.2.4 使用"螺旋线工具"

"螺旋线工具"用于绘制各种螺旋状的线条。选择"螺旋线工具"后，在画板中单击并拖动即可创建螺旋线，也可以单击打开"螺旋线"对话框，设置半径、段数等参数。下面将应用"螺旋线工具"在帽子上绘制出花纹效果，具体操作步骤如下。

◎ **素 材：** 无

◎ **源文件：** 随书资源\实例文件\02\源文件\详细操作\使用"螺旋线工具".ai

## 01 选择"螺旋线工具"

按住工具箱中的"直线段工具"按钮✒️不放，
❶在展开的工具组中单击选择"螺旋线工具"，
❷在帽子上需要创建螺旋线的位置单击。

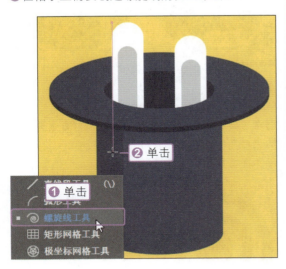

## 02 设置"螺旋线"选项

打开"螺旋线"对话框，❶在对话框中输入"半径"为 3 mm、"段数"为 5，❷单击选择一种螺旋线样式，❸设置好后单击"确定"按钮，即可在鼠标单击的位置创建一条螺旋线。

## 03 更改螺旋线描边颜色和粗细

❶在工具箱中更改螺旋线的描边颜色，然后打开"描边"面板，❷在面板中设置"粗细"为 2 pt，❸单击"圆头端点"按钮🔘，更改螺旋线外观效果。

## 04 单击并拖动绘制螺旋线

将鼠标指针移到帽子右下角位置，单击并拖动鼠标，绘制另一个不同大小的螺旋线图形。继续使用"螺旋线工具"在帽子中单击并拖动鼠标，绘制出更多的螺旋线图形，完成此图标的绘制。

## 2.2.5 使用绘制网格的工具

绘制网格的工具分为"极坐标网格工具"和"矩形网格工具"，分别用于绘制极坐标网格和矩形网格。下面分别进行介绍。

◎ 素　材：无
◎ 源文件：随书资源\实例文件\02\源文件\详细操作\使用绘制网格的工具.ai

## 1. 使用"极坐标网格工具"

使用"极坐标网格工具"可以创建具有指定大小和指定分隔线数目的同心圆。选择该工具后，可以在画板中单击并拖动来创建网格图形，也可以在画板中单击，打开"极坐标网格工具选项"对话框，设置更精确的参数来创建网格图形，具体操作步骤如下。

### 01 复制图形并选择工具

复制前面绘制好的圆角矩形，❶在工具箱中将复制的圆角矩形的填充颜色更改为红色，按住"直线段工具"按钮█不放，❷在展开的工具组中单击选择"极坐标网格工具"。

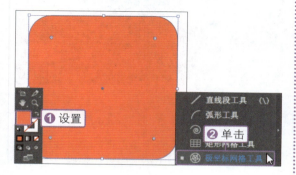

### 02 单击并拖动绘制图形

将鼠标指针定位到圆角矩形中，按住【Shift】键不放，单击并拖动鼠标，将网格图形拖动到所需大小，再用"选择工具"将其移到矩形中心。

### 03 取消编组并选择图形

在工具箱中对绘制的网格图形的填充颜色进行设置，再按快捷键【Ctrl+Shift+G】取消编组，然后应用"直接选择工具"选中两个圆形。

### 04 更改图形颜色

❶在工具箱中设置选中的两个圆形的填充颜色，然后使用"直接选择工具"选中最中间的圆形，❷并在工具箱中设置填充颜色。

### 05 删除图形并绘制箭

使用"选择工具"选中网格中间的分隔线，按【Delete】键将其删除，最后使用"钢笔工具"在右侧绘制箭及其投影图形，完成图标制作。

## 2. 使用"矩形网格工具"

使用"矩形网格工具"可以创建具有指定大小和指定分隔线数目的矩形网格，它的使用方法与"极坐标网格工具"类似。下面将用"矩形网格工具"在图形中绘制表格效果，具体操作步骤如下。

## 01 复制图形并绘制文件夹图形

复制前面绘制好的黄色圆角矩形，将其移到合适的位置，结合"钢笔工具"和"圆角矩形工具"绘制一个文件夹图形。

## 02 选择"矩形网格工具"

按住工具箱中的"直线段工具"按钮✎不放，❶在展开的工具组中单击选择"矩形网格工具"，❷将鼠标指针定位于文件夹左上方位置，单击并拖动鼠标。

## 03 绘制矩形网格

当拖动到所需大小后，释放鼠标，完成矩形网格的绘制。❶在工具箱中设置矩形网格的描边颜色，❷然后在"属性"面板中设置"描边"为 3 pt，突出矩形网格图形。

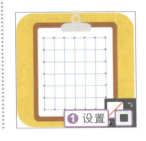 

---

# 2.2.6 使用"铅笔工具"

　　"铅笔工具"可用于绘制开放路径和闭合路径，就像用铅笔在纸上绘图一样，常用于快速素描或创建手绘外观。下面将使用"铅笔工具"绘制图形，具体操作步骤如下。

◎ 素　材：无
◎ 源文件：随书资源\实例文件\02\源文件\详细操作\使用"铅笔工具".ai

## 01 复制并绘制图形

复制前面绘制好的红色圆角矩形，将它移到合适的位置，然后使用"钢笔工具"在圆角矩形中绘制杯子图形。

## 02 应用"铅笔工具"绘制曲线

按住工具箱中的"Shaper 工具"按钮✎不放，❶在展开的工具组中单击选择"铅笔工具"，❷将鼠标指针定位到希望路径开始的地方，然后拖动鼠标以绘制路径。

## 03 调整曲线外观效果

使用相同的方法绘制出另外两条曲线路径，❶然后在工具箱中设置曲线描边颜色，❷在"描边"面板中设置"粗细"为 5 pt，❸单击"圆头端点"按钮■，更改描边效果。

# 2.3 制作抽象的矢量海报

　　海报是向大众传达信息的宣传工具之一，它通过合理运用图像、文字、色彩、空间等要素来吸引受众的目光。本实例将应用 Illustrator 中的绘图工具制作一张推广健康饮食理念的宣传海报。在设计的过程中，为了突出多吃新鲜的蔬菜、水果有益身体健康这一主题，采用抽象化的表现方式，绘制茄子、梨等蔬果的拟人卡通形象，作为海报内容的主体图案，再通过添加文字，明确作品的主题。

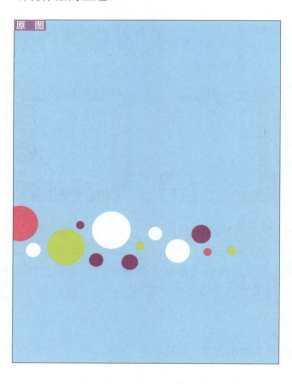

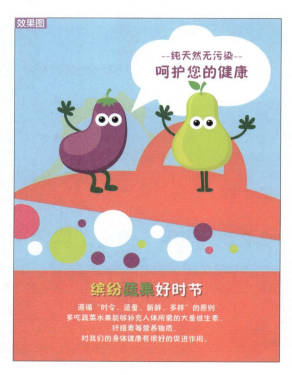

## 2.3.1 编辑路径

　　初次绘制路径时，往往绘制得不够精确，因此还需要对路径进行修改和调整。下面对修改和调整路径的常见操作进行介绍。

◎ **素　材：** 随书资源\实例文件\02\素材\03.ai
◎ **源文件：** 随书资源\实例文件\02\源文件\详细操作\编辑路径.ai

### 1. 添加和删除锚点

　　路径是通过锚点连接而成的。创建路径后，可以使用"添加锚点工具"在路径上添加新的锚点，以便对路径的细节进行调整；也可以使用"删除锚点工具"删除路径中多余的锚点，让路径更加平整。具体操作步骤如下。

## 01　绘制椭圆形

打开 03.ai 素材文件，选择工具箱中的"椭圆工具"，在画板右上角单击并拖动鼠标，绘制出一个白色的椭圆形，然后对绘制的图形进行适当的旋转。

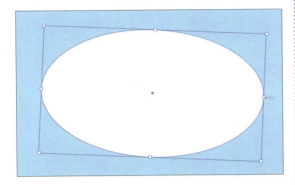

## 02　应用"添加锚点工具"添加锚点

按住"钢笔工具"按钮 不放，❶在展开的工具组中单击选择"添加锚点工具"，❷将鼠标指针移到要添加锚点的路径上，当其变为 形时，单击鼠标即可添加一个锚点，添加的锚点为选中状态。

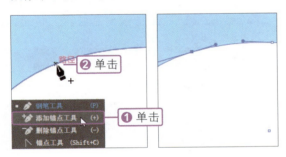

## 03　添加更多锚点

将鼠标指针移到椭圆形的其他曲线路径上，单击鼠标添加锚点，应用相同的方法在路径上添加更多的锚点。

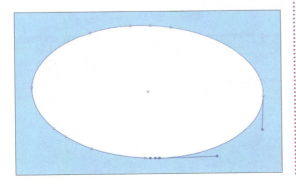

## 04　应用"删除锚点工具"删除锚点

按住"添加锚点工具"按钮 不放，❶在展开的工具组中单击选择"删除锚点工具"，❷将鼠标指针移到需要删除的锚点上，当其变为 形时，单击鼠标，删除锚点。

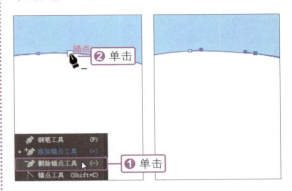

## 05　删除更多锚点

将鼠标指针移动到椭圆形下方需要删除的锚点上，当鼠标指针变为 形时，单击鼠标，删除另一个锚点。

## 06　拖动锚点和控制手柄

❶单击工具箱中的"直接选择工具"按钮 ，选择路径中的锚点，❷拖动鼠标，更改锚点位置，❸拖动锚点旁边的控制手柄，调整路径形状。

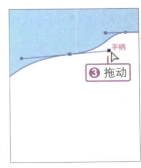

**07　继续调整路径外形**

使用相同的方法调整路径上的锚点和锚点旁边的控制手柄，修饰图形，得到标注形状。

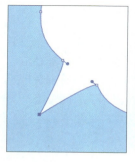 

## 2.　平滑与尖突锚点

　　路径上的锚点分为平滑点和角点两种。通过平滑点连接的路径可以形成平滑的曲线，通过角点连接的路径通常为直线或转角曲线。使用"锚点工具"可以转换路径上的锚点类型，使路径在平滑曲线和直线之间相互转换。转换锚点后，通过拖动锚点两侧的方向控制手柄还可以对路径的形状进行更改，具体操作步骤如下。

**01　选择"锚点工具"**

按住工具箱中的"钢笔工具"按钮不放，❶在展开的工具组中单击选择"锚点工具"，❷将鼠标指针移到需要转换的锚点上单击，由于当前锚点为平滑点，单击后将其转换为角点。

**02　继续转换锚点**

在画面中可看到转换为角点后的效果。将鼠标指针移到另一个锚点上单击，转换锚点类型。

**03　继续转换锚点并调整图形**

对路径上的角点和平滑点进行转换后，使用"直接选择工具"选中锚点或控制手柄，再次编辑图形形状，得到更自然、平滑的图形。

## 3.　简化与擦除路径

　　在路径的编辑中，经常需要对凹凸的路径进行平滑调整，去掉不需要的一部分路径。这里介绍使用"平滑工具"和"路径橡皮擦工具"修整路径的方法，具体操作步骤如下。

**01　绘制墨点图形**

选择工具箱中的"画笔工具"，❶在"艺术效果—油墨"面板中单击选择"油墨滴"画笔，❷在"属性"面板中设置"描边"为 13 pt，❸在画板中单击，绘制一个油墨滴。

## 02 扩展图形并选择"平滑工具"

选中绘制的油墨滴图形，❶执行"对象 > 扩展外观"菜单命令，将画笔图形扩展为路径，应用"直接选择工具"选中外侧需要平滑的路径，按住工具箱中的"Shaper 工具"按钮❷不放，❷在展开的工具组中单击选择"平滑工具"。

## 03 应用"平滑工具"涂抹路径

在选中的路径中单击并按住鼠标沿路径边缘拖动，释放鼠标后被拖动的区域内的锚点变少，路径变得更平滑。

## 04 继续涂抹简化图形

继续使用"平滑工具"涂抹路径，对路径进行平滑处理，简化图形效果。

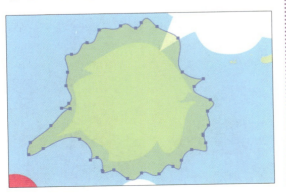

## 05 选择"路径橡皮擦工具"

应用"直接选择工具"选中需要被擦除的路径，按住工具箱中的"平滑工具"按钮❷不放，在展开的工具组中单击选择"路径橡皮擦工具"。

## 06 涂抹擦除路径

在选中的路径边缘单击并拖动，被拖动的区域内的路径即被擦除，同时，封闭的图形也变为开放状态。

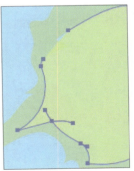

## 07 擦除更多路径

使用"路径橡皮擦工具"继续沿路径边缘涂抹，擦除更多的路径，去除中间一部分图形。

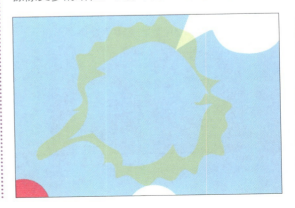

## 2.3.2 组合图形对象

在 Illustrator 中可以使用多种方式自由组合矢量对象。组合矢量对象时，生成的路径或形状会因为组合对象时所选用的方法不同而有所不同。下面分别对几种常用的方法进行介绍。

◎ 素　材：无
◎ 源文件：随书资源\实例文件\02\源文件\详细操作\组合图形对象.ai

### 1. 创建复合路径组合对象

复合路径包含两个或多个已上色的路径，因此在路径重叠处将呈现孔洞。将图形定义为复合路径后，复合路径中的所有图形都将应用堆叠顺序中最底层对象的上色和样式属性。下面通过具体操作步骤讲解创建复合路径组合对象的方法。

#### 01 用"钢笔工具"绘制图形

选择工具箱中的"钢笔工具"，❶在画板中绘制一个不规则的图形，❷然后在绘制的图形中间再绘制一个类似半圆的图形。

#### 02 执行命令建立复合路径

应用"选择工具"选中绘制的两个图形，执行"对象 > 复合路径 > 建立"菜单命令，创建复合路径，在两个路径重叠的位置呈现镂空效果。

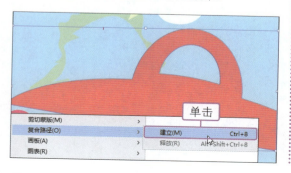

### 2. 建立复合形状

复合形状由两个或多个对象组成，每个对象都分配有一种形状模式。复合形状简化了复杂形状的创建过程，用户可以精确地操作每个所含路径的形状模式、堆叠顺序、形状、位置和外观。在 Illustrator 中，可以应用"路径查找器"创建复合形状，具体操作步骤如下。

#### 01 单击"合并"按钮

使用"钢笔工具"在画面中绘制茄子形状的图形，应用"选择工具"选中绘制的几个图形，打开"路径查找器"面板，单击面板中的"合并"按钮，删除已填充对象被隐藏的部分。

#### 02 单击"联集"按钮

使用"钢笔工具"绘制出果蒂和果柄图形，❶使用"选择工具"选中绘制的两个图形，❷单击"路径查找器"面板中的"联集"按钮，创建复合形状。

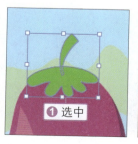
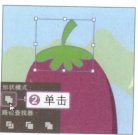

第2章

## 03 单击"减去顶层"按钮

使用"椭圆工具"绘制两个不同大小的圆形图形，❶使用"选择工具"选中两个圆形图形，❷单击"路径查找器"面板中的"减去顶层"按钮█，创建复合形状，从下方较大的圆形中减去上方较小的圆形，得到圆环图形。

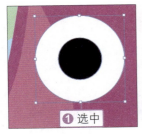

## 04 复制图形并设置颜色

按快捷键【Ctrl+C】，复制白色圆环，执行"编辑 > 就地粘贴"菜单命令，在原位置粘贴复制的图形，将鼠标指针移至编辑框任一控制点上，按住【Shift+Alt】键不放，❶单击并向内拖动，缩小复制的图形，❷为复制的图形设置不同的填充颜色。

## 05 单击"合并"按钮

使用"椭圆工具"在圆环上方分别绘制一个白色小圆和一个黑色小圆，❶应用"选择工具"选中圆环和图形，❷单击"路径查找器"面板中的"合并"按钮█，创建复合路径，得到眼睛图形。

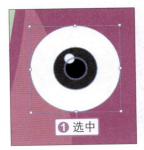

## 06 选择并复制图形

应用"选择工具"选择眼睛图形，再按住【Alt】键不放，单击并向右拖动，复制得到另一个眼睛图形。

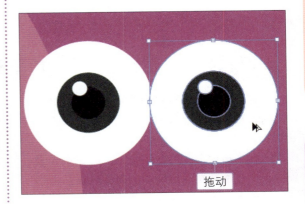

## 07 继续绘制图形并添加文字

使用相同的操作方法，在画板中绘制出更多的蔬果图形，并对图形进行适当的组合设置，完成海报图案部分的制作。选择工具箱中的"文字工具"，分别在画面右上角和下方输入相应的文字，完成海报的制作。

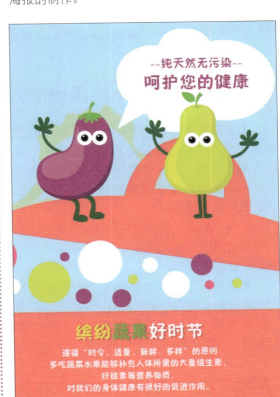

**第2章**

## 2.4　课后练习

本章通过三个典型的实例讲解了 Illustrator 软件中的基本图形绘制方法，主要包括矩形工具组中的工具、直线段工具组中的工具、钢笔工具组中的工具的使用及路径的编辑等。下面通过习题来进一步巩固所学知识。

###  习题1——制作艺术工作室名片

名片设计不但要讲究艺术性，还应具有很强的识别性，能让人在最短的时间内获得所需要的信息。本习题要为某艺术工作室设计名片，利用画板、颜料、绘画工具等矢量元素进行表现，使其呈现出新颖的艺术风格。

● 应用矩形工具绘制名片背景图形，并为图形填充上合适的颜色；

● 使用"直线段工具"在矩形上方绘制不同颜色的线条，通过创建剪切蒙版（参见第6章），把超出名片外框的部分裁剪掉；

● 使用"钢笔工具"绘制名片中的修饰图案，再添加上相应的文字内容。

◎ 素　材：无
◎ 源文件：随书资源\课后练习\02\源文件\制作艺术工作室名片.ai

###  习题2——制作鸡尾酒派对海报

酒会派对海报的设计可以抓住活动的主题进行处理。创建一个新文件，运用本章所讲的绘画工具在画板中绘制出海报背景，由于是要制作一个鸡尾酒派对海报，所以在画面的中间位置绘制酒杯、水果等图形，提升画面的直观性和设计感。

● 用"矩形工具"绘制灰色的背景；

● 运用"极坐标网格工具"在画面中绘制网格图形，对图形进行扩展后，填充上合适的颜色；

● 在中间位置运用"钢笔工具"绘制出杯子、切开的水果图形，编辑并组合图形，完成海报图像的设计；

● 使用"移动工具"把事先制作好的文字素材拖动到海报中合适的位置。

◎ 素　材：随书资源\课后练习\02\素材\01.ai
◎ 源文件：随书资源\课后练习\02\源文件\制作鸡尾酒派对海报.ai

# 第**3**章

## 图形的填充和描边

在 Illustrator 中绘制完图形后，可以用多种方式为图形设置填充效果和描边效果。例如，使用"渐变工具"和"渐变"面板为图形填充渐变色，使用"网格工具"创建渐变网格实现图形中颜色的自然过渡，使用"描边"面板和"属性"面板为图形设置描边的颜色、粗细等。这些方式可以结合起来使用，获得更丰富的图形效果。

# 3.1 制作一组圣诞主题吊牌

吊牌的设计、印刷、制作大多非常讲究，在平面设计中，可以将吊牌作为一张小小的平面广告来对待。本实例要为某商场的圣诞节促销活动设计吊牌，为了增强其新颖性和设计感，在绘制线稿时采用了比较特殊的造型方式，并用绘图工具绘制了圣诞树、雪花、礼物盒等代表圣诞节的元素，以营造节日的氛围。接下来需要为线稿上色，再添加必要的文字。

原 图
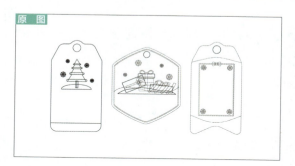

效果图

## 3.1.1 颜色的设置

应用 Illustrator 绘制图形后，需要为图形填充上相应的颜色，才能获得色彩饱满的画面效果。用户可以在绘制图形前设置颜色，也可以在绘制完成后再设置颜色。在 Illustrator 中可通过"拾色器"对话框、"颜色"面板和"色板"面板来完成颜色的设置，下面分别进行介绍。

◎ 素 材：随书资源\实例文件\03\素材\01.ai
◎ 源文件：随书资源\实例文件\03\源文件\详细操作\颜色的设置.ai

### 1. 使用"拾色器"对话框

使用"拾色器"对话框设置颜色是最为常用的方法。下面将打开素材文件，并使用"拾色器"对话框设置背景颜色，具体操作步骤如下。

**01 选择对象并双击"填色"按钮**

打开 01.ai 素材文件，显示未填充颜色的图形效果，应用"选择工具"选中背景图形，再双击"填色"按钮，启用填色选项，弹出"拾色器"对话框。

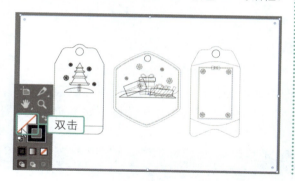

**02 在"拾色器"中设置颜色**

❶在"拾色器"对话框中输入颜色值为 R48、G165、B183，❷设置后单击右上角的"确定"按钮。

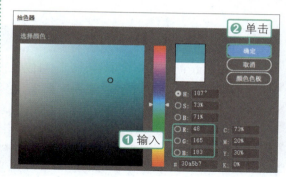

## 03　查看填充颜色的效果

返回绘图窗口，可以看到选中的背景图形变为新设置的颜色。

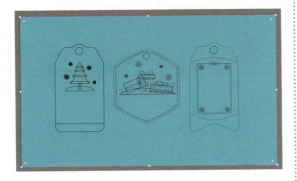

### 2. 使用"颜色"面板

　　在 Illustrator 中也可以使用"颜色"面板将颜色应用于图形的填充和描边。执行"窗口 > 颜色"菜单命令，打开"颜色"面板，在面板中可使用不同颜色模型显示颜色值，拖动颜色滑块或输入数值就能完成颜色的设置，具体操作步骤如下。

## 01　选择图形

❶单击工具箱中的"选择工具"按钮 ，❷单击画板中需要设置颜色的图形。

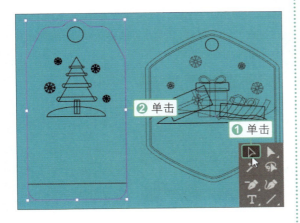

## 02　打开"颜色"面板

执行"窗口 > 颜色"菜单命令，打开"颜色"面板，可以看到面板中的各选项显示为灰色未激活状态。

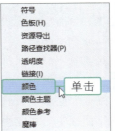

## 03　激活选项并设置颜色

❶将鼠标指针移到"颜色"面板中单击，激活面板中的选项，❷然后单击并向右拖动红色值（R）右侧的滑块，设置颜色。

## 04　输入颜色值

单击激活颜色成分的数值框，❶输入绿色值（G）为 33，❷输入蓝色值（B）为 33。

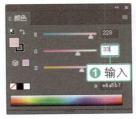

## 05　查看填充颜色的效果

此时在绘图窗口中可以看到更改填充颜色后的图形效果。

图形的填充和描边

## 3．使用"色板"面板

"色板"面板中存储了一些预设的纯色、渐变色和图案等上色效果，单击某个效果即可将其应用于当前图形。用户还可以将自定义的图案或在"颜色"面板和"渐变"面板中调配好的上色效果添加到"色板"面板中，并应用于图形的上色。

### 01 选中需要填充颜色的图形

❶单击工具箱中的"选择工具"按钮▶，❷单击选中顶部的圆形。

### 02 打开"色板"面板

执行"窗口>色板"菜单命令，打开"色板"面板，在面板中显示了默认的色板颜色。

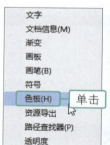 

### 03 单击色板以应用填充颜色

单击"色板"面板中的"CMYK 黄"色板，将选中的圆形填充为黄色。

### 04 创建复合形状

❶按住【Shift】键不放，依次单击选中红色的背景和黄色的圆形，❷打开"路径查找器"面板，单击"减去顶层"按钮■，创建镂空的图形。单击画板中的空白区域，取消图形的选中状态。

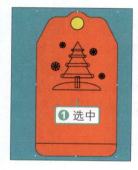 

### 05 执行"创建新色板"命令

❶打开"颜色"面板，在面板中输入颜色值为R44、G168、B100，❷单击面板右上角的扩展按钮■，❸在展开的面板菜单中执行"创建新色板"命令。

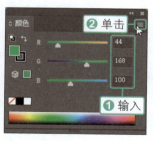 

### 06 输入名称并创建新色板

打开"新建色板"对话框，❶在对话框中输入"色板名称"为"树叶"，❷单击"确定"按钮，创建新色板。

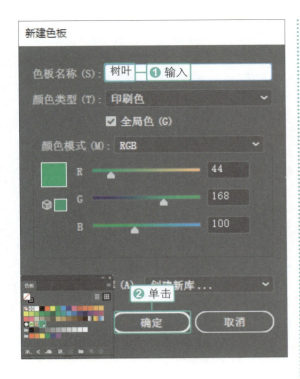

新建色板

色板名称 (S)：树叶 ❶ 输入

颜色类型 (T)：印刷色

☑ 全局色 (G)

颜色模式 (M)：RGB

R  44
G  168
B  100

(A)  创建新库...

❷ 单击

确定    取消

---

---

**07**　**单击色板以填充颜色**

❶应用"选择工具"单击选中需要填充颜色的图形，❷打开"色板"面板，单击面板中新创建的"树叶"色板，为选中的图形填充颜色。

❶ 选中

❷ 单击

**08**　**继续填充颜色**

继续使用同样的方法，创建更多的色板，然后应用创建的色板为图形填充上相应的颜色。

---

## 3.1.2　创建实时上色组

　　在 Illustrator 中，可以通过将图稿转换为实时上色组的方式对它们进行上色，就像对画布或纸上的绘画进行着色一样。在编辑过程中，可以使用不同颜色为每个路径段描边，并使用不同的纯色、图案或渐变色填充每个封闭路径等。Illustrator 中有两种创建实时上色组的方法，下面分别进行介绍。

◎ 素　材：无
◎ 源文件：随书资源\实例文件\03\源文件\详细操作\创建实时上色组.ai

---

### 1．执行菜单命令创建

　　需要先将对象转换为实时上色组，才能开始对其进行实时上色。在 Illustrator 中，执行"对象 > 实时上色 > 建立"菜单命令，即可创建实时上色组，具体操作步骤如下。

## 01 选中多个路径

单击"选择工具"按钮，按住【Shift】键不放，依次单击选中需要创建为实时上色组的路径。

## 02 执行"建立"命令

选择路径对象后，执行"对象 > 实时上色 > 建立"菜单命令。

## 03 创建实时上色组

软件会将选中的路径创建为一个实时上色组。选择"实时上色工具"，将其放在创建的实时上色组上时会以红色突出显示该区域。

技巧提示 **转换为路径再上色**

在 Illustrator 中，某些对象类型无法直接创建为实时上色组，如文字、位图和画笔等。若要添加到实时上色组，需先转换为路径。

## 2. 使用"实时上色工具"

除了执行菜单命令建立实时上色组，还可以使用"实时上色工具"建立实时上色组。选择工具箱中的"实时上色工具"后，在选中的图形组中的任意位置单击，就能创建实时上色组。接着就能使用"实时上色工具"，以当前填充和描边属性为实时上色组的表面和边缘上色，具体操作步骤如下。

## 01 选中多条路径

选择工具箱中的"选择工具"，按住【Shift】键不放，依次单击选中多条需要创建为实时上色组的路径。

## 02 创建实时上色组

按住工具箱中的"形状生成器工具"按钮不放，❶在展开的工具组中单击选择"实时上色工具"，❷将鼠标指针移到选中的路径组上单击，即可将该路径组创建为一个实时上色组。

第3章

### 03 设置并填充颜色

❶在工具箱中将填充颜色设置为白色，❷选择
"实时上色工具"，将鼠标指针放置到图形中，
当鼠标指针变为 ▶ 形时单击，即可将该区域填充
为白色。

### 04 继续填充颜色

继续使用"实时上色工具"在创建的实时上色组
中的另一个图形中单击，将图形填充颜色也设置
为白色。

### 05 填充更多颜色

应用相同的方法，在工具箱中设置填充颜色，然
后使用"实时上色工具"为图稿上色，得到颜色
更丰富的吊牌图案。

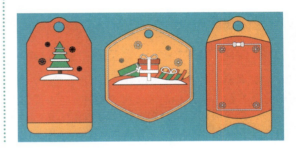

## 3.1.3 选择实时上色组

　　应用"实时上色工具"对图稿进行上色后，如果需要更改实时上色效果，需要选择实时上
色对象。在 Illustrator 中可以应用"选择工具"和"实时上色选择工具"选择实时上色组或实时
上色组中的项。

◎ 素　材：无
◎ 源文件：随书资源\实例文件\03\源文件\详细操作\选择实时上色组.ai

### 1. 使用"选择工具"

　　使用"选择工具"可以选择整个实时上色
组。使用"选择工具"选中整个实时上色组后，
可以对整个组中的对象进行修改，具体操作步
骤如下。

### 01 使用"选择工具"选择实时上色组

❶单击工具箱中的"选择工具"按钮 ▶，❷将鼠
标指针移到需要选择的实时上色组上，可以看
到鼠标指针显示为 ▶ 形，单击鼠标，选中实时上
色组。

### 02 设置实时上色组颜色

打开"颜色"面板，在面板中拖动颜色滑块，将
填充颜色设置为 R255、G103、B102，更改选
中的实时上色组中的对象颜色。

## 2. 使用"实时上色选择工具"

　　如果需要处理实时上色组中的单个对象，则可以使用"实时上色选择工具"。"实时上色选择工具"主要用于选择实时上色组中的各个表面和边缘，具体操作步骤如下。

### 01　使用"实时上色选择工具"选择对象

按住工具箱中的"形状生成器工具"按钮■不放，❶在展开的工具组中单击选择"实时上色选择工具"，❷将鼠标指针移到实时上色组中的某个对象上方，此时鼠标指针变为■形，单击鼠标，选中实时上色组中的单个对象。

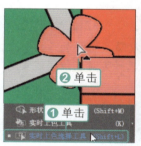

### 02　使用色板设置颜色

打开"色板"面板，单击面板中的"白色"色板，将选中对象的填充颜色更改为白色，退出选中状态，查看设置后的颜色。

### 03　更改多个对象颜色

❶按住【Shift】键不放，依次单击需要更改颜色的多个对象，❷打开"色板"面板，单击面板中的"白色"色板，将选中的多个对象也设置为相同的白色效果。

### 技巧提示　准确选择对象

　　应用"实时上色选择工具"选择实时上色组中的对象时，将鼠标指针放在表面上时，指针将变为■形；将鼠标指针放在边缘上时，指针将变为■形；将鼠标指针放在实时上色组外部时，指针将变为■形。因此，在选择对象时，为了确定选中了需要处理的对象，可以仔细观察鼠标指针的形状。

## 3.1.4 　释放实时上色组

　　在 Illustrator 中，可以执行"对象 > 实时上色 > 释放"菜单命令将创建的实时上色组释放为只有描边轮廓的路径，具体操作步骤如下。

　◎　素　材：随书资源\实例文件\03\素材\02.ai
　◎　源文件：随书资源\实例文件\03\源文件\详细操作\释放实时上色组.ai

## 01 选择实时上色组

选择工具箱中的"选择工具"，在画板中单击选中一个已创建的实时上色组。

## 02 执行"释放"命令

执行"对象 > 实时上色 > 释放".菜单命令，释放选中的实时上色组，将其转换为只有黑色描边而没有填色的路径组。

## 03 选择释放后的图形

选择工具箱中的"选择工具"，按住【Shift】键不放，依次单击选中两个雪花图形。

## 04 设置填充颜色

双击工具箱中的"填色"按钮，打开"拾色器"对话框，在对话框中设置颜色为 R136、G223、B243，更改选中的两个图形的填充颜色。

## 05 删除描边颜色

❶单击工具箱中的"描边"按钮，启用描边选项，❷单击下方的"无"按钮▨，删除描边颜色。

## 06 继续删除描边颜色

使用同样的方法处理其他实时上色组中的对象，去除所有图形的描边颜色。

## 07 复制文字

打开处理好的 02.ai 文字素材，通过执行"复制"和"就地粘贴"命令，将文字素材复制到吊牌上方，完成本实例的制作。

# 3.2 制作音乐节海报

本实例要为某音乐节设计一张宣传海报。在设计过程中，采用同类色搭配的方式，为图形填充橙色到红色的渐变颜色作为海报背景，渲染出热烈的气氛；再将与音乐相关的乐器、音箱、话筒、CD 等元素添加到画面视觉中心的位置，并添加上描边线条，呈现出更具动感和冲击力的视觉效果。

## 3.2.1 设置渐变填充

应用绘图工具绘制图形后，可以为绘制的图形填充渐变颜色效果。在 Illustrator 中，应用"渐变"面板或"渐变工具"均可以设置和填充渐变颜色，下面分别进行介绍。

◎ **素　材：**无
◎ **源文件：**随书资源\实例文件\03\源文件\详细操作\设置渐变填充.ai

## 1. 使用"渐变"面板

使用"渐变"面板可以对绘制的图形应用渐变填充，也可以应用该面板创建和修改渐变颜色等，具体操作步骤如下。

## 01 创建新文件

执行"文件 > 新建"菜单命令，❶在打开的"新建文档"对话框中输入文件名为"制作音乐节海报"，❷"宽度"为 210 mm，❸"高度"为 292 mm，单击"创建"按钮，创建新文件。

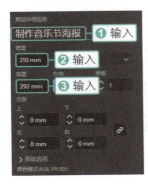

## 02 绘制矩形并填充默认渐变

选择"矩形工具"，沿画板边缘单击并拖动，绘制同等大小的矩形，单击工具箱中的"渐变"按钮■，应用默认渐变填充矩形。

## 03 打开"渐变"面板

执行"窗口 > 渐变"菜单命令，打开"渐变"面板，在面板中显示默认的渐变选项。

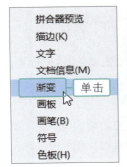

## 04 选择颜色模式

❶双击渐变条左侧的色标，❷在出现的面板中单击右上角的扩展按钮■，❸在展开的面板菜单中单击"RGB"选项，更改颜色模式。

## 05 输入色标的颜色值

在 RGB 颜色模式下输入颜色值为 R240、G159、B69，设置完毕后返回"渐变"面板，面板中的左侧色标变为新设置的颜色。

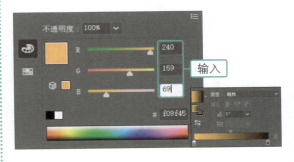

## 06 选择颜色模式

❶双击渐变条右侧的色标，❷在出现的面板中单击右上角的扩展按钮■，❸在展开的面板菜单中单击"RGB"选项，更改颜色模式。

## 07 输入色标的颜色值

在 RGB 颜色模式下输入颜色值为 R224、G67、B72，设置完成后返回"渐变"面板，面板中的右侧色标变为新设置的颜色。

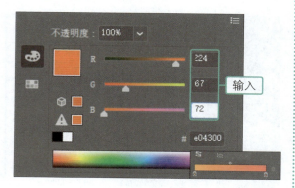

## 08 更改渐变角度

在"渐变"面板中设置"角度"为 -90°，更改渐变角度，填充矩形图形。

## 2．使用"渐变工具"

"渐变工具"用于添加或编辑渐变。使用"渐变工具"在未选中的非渐变填充对象中单击时，该对象中将填充上次使用的渐变。选择渐变填充对象并选择"渐变工具"时，该对象中将出现一个渐变滑块，用于调整渐变的角度、位置和范围，具体操作步骤如下。

## 01 使用"渐变工具"单击图形

❶单击工具箱中的"渐变工具"按钮▣，❷将鼠标指针移到已经填充渐变颜色的矩形图形上单击，在矩形中间将显示一个渐变条。

## 02 设置渐变起点位置

将鼠标指针移到渐变条顶端的圆点上，单击并向下拖动，重新定义渐变的起点位置。

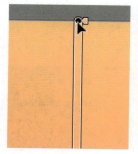

## 03 设置渐变终点位置

将鼠标指针移到渐变条底部的方块上，单击并向上拖动，重新定义渐变的终点位置。

## 04 调整渐变条上的色标位置

将鼠标指针移到渐变起点位置右侧的色标上，单击并向下拖动色标，更改渐变起点颜色位置。

## 05 绘制图形并填充渐变

❶选择"椭圆工具",将鼠标指针移到画板中间位置,按住【Shift】键不放,单击并拖动鼠标,绘制一个圆形图形。❷单击工具箱中的"渐变"按钮 ▣,应用上次设置的渐变颜色填充绘制的圆形图形。

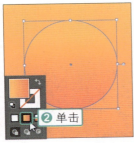

## 06 拖动更改渐变角度

❶单击工具箱中的"渐变工具"按钮 ▣,应用渐变的圆形图形上会显示渐变条,❷在圆形左侧单击并向右拖动到圆形右侧边缘位置,释放鼠标,更改渐变填充角度。

## 07 指定起点色标颜色

❶双击渐变起点位置的色标,❷在出现的面板中输入颜色值为 R68、G178、B185,重新定义渐变起点颜色。

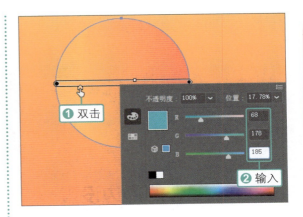

## 08 指定终点色标颜色

❶双击渐变终点位置的色标,❷在出现的面板中输入颜色值为 R131、G189、B138,重新定义渐变终点颜色。

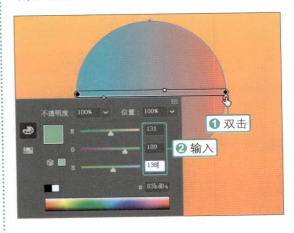

## 09 查看效果

设置后返回绘图窗口,查看更改渐变起点和终点色标颜色后的圆形效果。

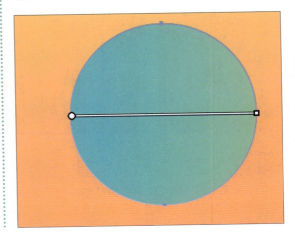

## 10  绘制图形并填充渐变

❶选择"钢笔工具"，在画面中绘制一个不规则图形，❷单击工具箱中的"渐变"按钮▣，应用上次设置的蓝色渐变填充绘制的图形。

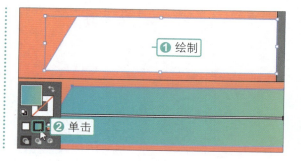

# 3.2.2  图形的描边设置

在 Illustrator 中不但可以应用设置的颜色填充图形，还可以将设置的颜色应用于图形的描边。对绘制的图形进行描边可通过"属性"面板、"外观"面板或"描边"面板来完成，下面分别对几种描边方法进行介绍。

◎  素  材：随书资源\实例文件\03\素材\03.ai
◎  源文件：随书资源\实例文件\03\源文件\详细操作\图形的描边设置.ai

## 1．使用"属性"面板

Illustrator 的"属性"面板提供了一个"外观"选项组，应用此选项组中的"描边"选项可以快速更改所选图形的描边颜色、粗细等，具体操作步骤如下。

## 01  置入文件并调整堆叠顺序

执行"文件 > 置入"菜单命令，将 03.ai 素材文件置入到画板中，按快捷键【Ctrl+[】，将置入的素材移到圆形图形下方。

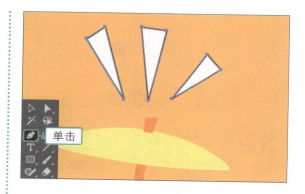

## 02  应用"钢笔工具"绘制图形

单击工具箱中的"钢笔工具"按钮✐，在画面中连续单击，绘制 3 个不同大小的三角形，应用默认的白色填充图形。

## 03  设置描边粗细

❶在"属性"面板中单击"描边"选项右侧的下拉按钮，❷在展开的列表中单击选择 3 pt 选项，将绘制的三角形的描边粗细设置为 3 pt，突出描边效果。

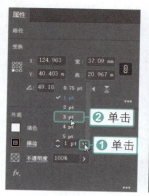

## 04　去除填充颜色

❶单击"填色"选项左侧的色块，❷在显示的面板中单击"无"色板，去除三角形中间的填充颜色。

## 05　设置描边颜色

❶单击"描边"选项左侧的色框，❷在显示的面板中单击白色色块，更改三角形描边颜色。

## 06　查看效果

设置完成后返回画板，查看设置后的三角形，删除了填充颜色，轮廓线条变为白色。

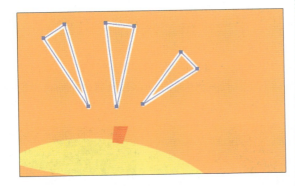

## 2. 使用"外观"面板

　　执行"窗口＞外观"菜单命令，或单击"属性"面板的"外观"选项组中的"打开'外观'面板"按钮，可打开"外观"面板。使用面板中的选项可以轻松调整图形描边效果，具体操作步骤如下。

## 01　使用"钢笔工具"绘制图形

使用"钢笔工具"绘制一个图形，并使用"选择工具"选中绘制的图形。

## 02　设置描边颜色

打开"外观"面板，❶单击"描边"右侧的色块，激活描边选项，❷单击色框旁边的下拉按钮，❸在展开的面板中单击白色色块，更改描边颜色。

## 03　去除填充颜色

打开"外观"面板，❶单击"填色"右侧的色块，激活填充选项，❷单击色块旁边的下拉按钮，❸在展开的面板中单击"无"色块，去除填充颜色。

图形的填充和描边

59

## 04 查看效果

返回绘图窗口，可看到更改描边颜色、去除填充颜色后，显示出下方的话筒图像。

### 3. 使用"描边"面板

应用"属性"面板和"外观"面板只能对一些基础的描边效果进行设置，如果要创建更有设计感的描边效果，需使用"描边"面板。应用"描边"面板可以设置描边端点样式、边角效果及线条样式等，具体操作步骤如下。

## 01 更改描边粗细

选中话筒上方的白色线框图形，执行"窗口 > 描边"菜单命令，打开"描边"面板，❶单击"粗细"下拉按钮，❷在展开的下拉列表中单击选择3 pt，更改描边的粗细效果。

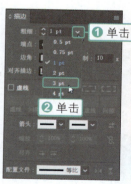

## 02 选择"配置文件"更改描边样式

❶单击"配置文件"下拉按钮，❷在展开的下拉列表中单击选择"宽度配置文件2"选项，对图形应用不规则的描边效果。

## 03 继续更改描边样式

使用"选择工具"单击选中已经添加描边效果的三角形图形，打开"描边"面板，在面板中的"配置文件"下拉列表中选择相同的配置文件，更改描边效果。

## 04 绘制路径并调整描边粗细和样式

使用"钢笔工具"绘制两条直线路径，打开"描边"面板，❶在面板中设置"粗细"为3 pt，❷单击"圆头端点"按钮，❸然后选择相同的配置文件。

第3章

## 05　互换填充颜色和描边颜色

单击工具箱中的"互换填色和描边"按钮，互换填充颜色和描边颜色，将直线路径的描边颜色设置为白色。继续使用"钢笔工具"在画板中绘制更多的线条，应用"描边"面板为线条设置相同的描边效果。

## 06　复制图形并去除填充颜色

选择画板中间的圆形，按快捷键【Ctrl+C】，复制图形，❶执行"编辑 > 就地粘贴"菜单命令，粘贴图形，❷单击工具箱中的"无"按钮，去除复制的圆形的填充颜色。

## 07　放大图形

将鼠标指针移到圆形右上角，当鼠标指针变为双向箭头时，按住【Shift+Alt】键不放，单击并向外侧拖动，以原图形中心为基准点，放大图形。

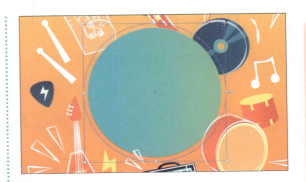

## 08　为图形设置描边选项

打开"描边"面板，❶设置"粗细"值为 6 pt，❷在"配置文件"下拉列表中选择"宽度配置文件 2"，为复制的圆形添加描边效果。

## 09　添加文字

选择"文字工具"，在画板中输入合适的文字，并在"属性"面板的"字符"选项组中设置文字属性，完成海报的制作。

## 3.3 | 设计绚彩包装造型

　　包装能起到美化商品、促进销售的作用，而包装造型设计则是根据被包装商品的特征、环境因素和用户的需求等选择合适的材料及技术方法，科学地设计出内外结构合理的包装。本实例要为某品牌饮料设计瓶子的外观造型，由于该品牌饮料是根据水果的种类进行分类的，所以在设计的过程中使用了与水果相匹配的颜色对瓶身和瓶盖进行着色，利用绚丽、热烈、明快的色彩搭配，达到刺激消费者产生品尝和购买欲望的目的。

### 3.3.1 创建渐变网格

在 Illustrator 中，为路径创建渐变网格，可以制作出更加丰富的色彩渐变效果，并且能够使色彩之间的渐变过渡更为自然。渐变网格可以利用菜单中的"创建渐变网格"命令和工具箱中的"网格工具"来创建，下面分别对这两种方法进行介绍。

◎ 素　材：随书资源\实例文件\03\素材\04.ai
◎ 源文件：随书资源\实例文件\03\源文件\详细操作\创建渐变网格.ai

### 1. 使用"创建渐变网格"命令

在 Illustrator 中，使用"对象"菜单中的"创建渐变网格"命令能够创建出三种不同外观的渐变网格。在操作的过程中，可以在"创建渐变网格"对话框中设置网格的行数与列数、外观和高光显示比等，具体操作步骤如下。

#### 01 绘制并填充图形

打开 04.ai 文件，选择"钢笔工具"，在画板中间绘制瓶子的大致轮廓，在"颜色"面板中设置其填充颜色，然后复制两个瓶子图形，并为其填充不同的颜色。选中中间的瓶子图形。

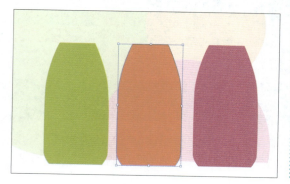

#### 02 设置网格选项

执行"对象 > 创建渐变网格"菜单命令，打开"创建渐变网格"对话框，❶在对话框中输入"行数"为 3、"列数"为 7，❷选择"至中心"外观效果，❸单击"确定"按钮。

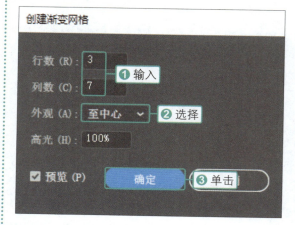

#### 03 创建渐变网格

软件将在选中的图形中创建一个 3 行、7 列的渐变网格。

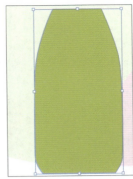

## 2. 使用"网格工具"

网格对象的创建还可以使用工具箱中的"网格工具"来完成。在画板中绘制好路径后，使用"网格工具"在路径上单击就可以轻松创建渐变网格，如果在图形中连续单击，则可以创建带多个网格点的渐变网格，具体操作步骤如下。

图形的填充和描边

### 01 选中图形并选择"网格工具"

使用"选择工具"选中左侧绿色的瓶子图形，单击工具箱中的"网格工具"按钮图，显示图形上的路径轮廓锚点。

### 02 单击添加渐变网格点

将鼠标指针移到绿色瓶子中间位置，单击鼠标即可添加一个带网格线的网格点，连续单击则可创建包含多个网格点和网格线的渐变网格。

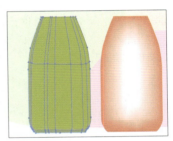

## 3.3.2 调整网格点

网格点的多少、位置及颜色决定了图形填充后的整体效果，因此，在创建网格后，可以对网格点做进一步的调整，具体操作步骤如下。

◎ 素　材：随书资源\实例文件\03\素材\05.ai～07.ai
◎ 源文件：随书资源\实例文件\03\源文件\详细操作\调整网格点.ai

### 01 删除网格点

单击工具箱中的"直接选择工具"按钮▶，❶单击选中路径中间的一个网格点，❷按【Delete】键，删除网格点及对应的网格线。

### 02 拖动网格点

使用"直接选择工具"单击选中路径中间的一个网格点，将该网格点向上拖动，调整网格点的位置。

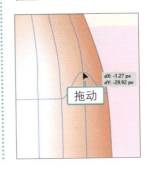
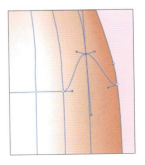

### 03 调整网格线

如果需要更改网格线的影响范围，则应用"直接选择工具"在网格点的方向线上单击并拖动，调整网格线形态。

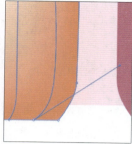

### 04 设置网格点颜色

❶单击渐变网格上的网格点，将其选中，❷然后在"颜色"面板中将网格点的颜色设置为R255、G255、B255。

### 05 继续调整网格效果

继续使用相同的方法，为另外两个颜色的瓶子创建渐变网格，对渐变网格的位置、颜色和大小进行编辑，使图形呈现出立体感。

### 06 绘制图形并调整不透明度

❶选择"钢笔工具"，在中间的瓶子左侧绘制一个白色的图形，❷展开"属性"面板，在"外观"选项组中设置"不透明度"为21%，降低图形的不透明度。

### 07 复制图形并调整位置

按快捷键【Ctrl+C】，复制图形，再连续按快捷键【Ctrl+V】两次，复制出两个相同的图形，然后把复制的图形分别移到两侧的瓶子上。

### 08 使用"矩形工具"绘制图形

选择工具箱中的"矩形工具"，在制作好的瓶身上方单击并拖动鼠标，绘制一个矩形。

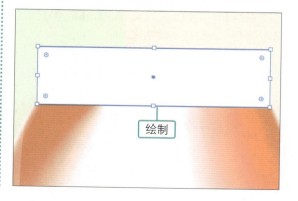

## 09 设置渐变网格选项

执行"对象 > 创建渐变网格"菜单命令，打开"创建渐变网格"对话框，保持原参数值不变，单击下方的"确定"按钮。

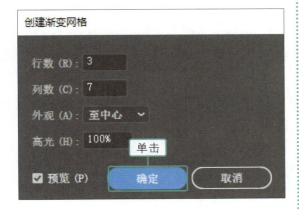

## 10 创建并调整渐变网格

此时创建了一个3行、7列的渐变网格，运用"直接选择工具"分别选中网格中的网格点和方向线，并拖动调整渐变网格。

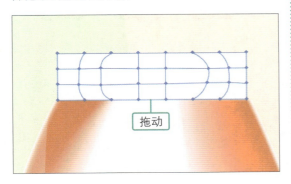

## 11 设置网格点颜色

❶应用"网格工具"单击选中中间的一个网格点，❷打开"颜色"面板，在面板中设置颜色为R202、G204、B182，更改网格点的颜色。

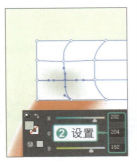

## 12 更改更多网格点颜色

继续使用"直接选择工具"选中其他的一些网格点，使用"网格工具"更改网格点颜色，创建自然的颜色过渡，得到瓶颈效果。

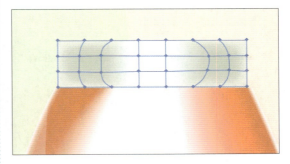

## 13 绘制图形并填充渐变

选择工具箱中的"矩形工具"，在瓶颈上方绘制一个矩形，打开"渐变"面板，❶在面板中选择"线性"渐变，❷选择"白色，黑色"渐变，并调整渐变颜色，为图形填充渐变。

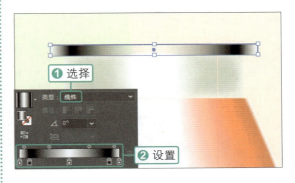

## 14 绘制椭圆并更改不透明度

选择工具箱中的"椭圆工具"，在瓶颈上方绘制两个同等大小的黑色椭圆，展开"属性"面板，在面板中的"外观"选项组中设置"不透明度"为43%，降低不透明度。

### 15  绘制图形并创建渐变网格

使用"钢笔工具"绘制瓶盖图形，选择"网格工具"在瓶盖图形中连续单击，添加多个网格点和网格线。

### 16  选择并设置网格点颜色

❶使用"网格工具"单击选中一个网格点，双击工具箱中的"填色"按钮，打开"拾色器"对话框，❷在对话框中设置颜色值为 R138、G43、B15，更改网格点颜色。

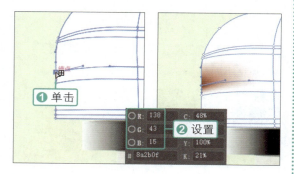

### 17  继续调整网格点颜色

继续结合"网格工具"和"拾色器"对话框，选择并更改其他网格点颜色，完成瓶盖的上色处理。

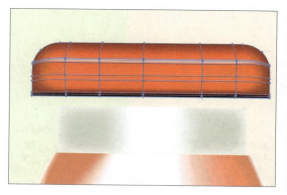

### 18  绘制椭圆并调整不透明度

选择工具箱中的"椭圆工具"，在瓶盖左侧绘制一个白色椭圆，设置"不透明度"为 60%，降低不透明度，融合图形。

### 19  复制瓶颈和瓶盖图形

使用"选择工具"选中绘制好的瓶颈和瓶盖等图形，按快捷键【Ctrl+C】和快捷键【Ctrl+V】，复制并粘贴图形，然后将复制的图形移到另外两个瓶子上方。

### 20  选择网格点并更改颜色

❶选中工具箱中的"网格工具"，单击选中左侧瓶盖上的一个网格点，❷打开"颜色"面板，将颜色设置为 R176、G11、B69，更改网格点颜色。

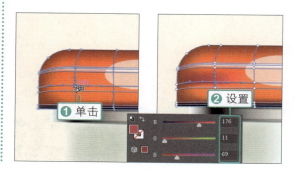

**21　调整更多颜色效果**

继续使用"网格工具"选中左、右两个瓶盖上的其他网格点，结合"颜色"面板更改网格点颜色，将橙色的瓶盖更改为绿色和紫红色。

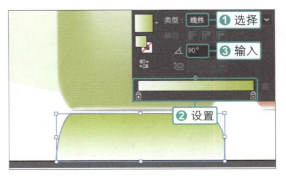

**22　绘制图形并填充渐变颜色**

选择"钢笔工具"，在瓶子下方绘制投影形状的图形，打开"渐变"面板，❶选择"线性"渐变，❷设置从白色到 R199、G203、B40 的渐变，❸输入"角度"为 90°，填充图形。

**23　复制图形并更改颜色**

使用"选择工具"选中绿色的投影，按住【Alt】键不放，单击并向右拖动，复制出两个投影图形，为复制的图形设置合适的渐变颜色。执行"文件 > 置入"菜单命令，将 05.ai ~ 07.ai 标签素材置入到瓶子上方，再添加相应的文字。

## 3.3.3　建立图形混合效果

上一小节利用渐变网格绘制了瓶身上的高光效果，本小节将换一种方法，利用图形混合功能来创建高光效果。在 Illustrator 中，可以应用"混合工具"或执行"对象 > 混合 > 建立"菜单命令来创建图形混合效果，将两个或两个以上的图形对象从形状到颜色进行混合，并在特定图形对象的形状中创建自然的颜色过渡。下面分别介绍这两种方法。

◎　素　材：随书资源\实例文件\03\素材\08.ai
◎　源文件：随书资源\实例文件\03\源文件\详细操作\建立图形混合效果.ai

### 1．使用"混合工具"

使用"混合工具"混合图形时，若要不带旋转地按顺序混合，需要避开锚点单击图形的任意位置；若要混合图形上的特定锚点，则使用"混合工具"单击相应的锚点。具体操作步骤如下。

## 01 绘制并选择图形

打开 08.ai 素材文件，应用"钢笔工具"绘制出瓶身图形和白色图形，绘制后使用"选择工具"选中需要创建混合效果的两个图形。

## 02 用"混合工具"单击白色图形

❶单击工具箱中的"混合工具"按钮，❷将鼠标指针移到白色图形中单击。

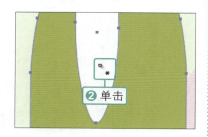

## 03 单击绿色瓶身图形混合对象

将鼠标指针移到绿色瓶身图形中单击，即可在白色图形和绿色瓶身图形之间创建形状和颜色的混合效果。

## 2. 使用"混合"命令

在 Illustrator 中，要创建混合效果，除了应用"混合工具"，也可以通过执行"对象 >

混合 > 建立"菜单命令来实现，具体操作步骤如下。

## 01 选择图形并执行菜单命令

使用"选择工具"选中需要创建混合效果的两个图形，执行"对象 > 混合 > 建立"菜单命令。

## 02 创建混合效果

即可在选中的两个图形之间创建形状和颜色的平滑过渡效果。

## 03 继续选择图形并创建混合效果

❶使用"选择工具"选中右侧两个需要创建混合效果的图形，❷再次执行"对象 > 混合 > 建立"菜单命令，建立混合效果。

## 3.3.4 | 编辑混合对象

创建的混合图形将被视为一个整体，如果移动其中一个原始对象或者更改选项、颜色等，都会直接影响混合后的效果。下面将介绍几种编辑混合对象的方法。

◎ 素　材：无
◎ 源文件：随书资源\实例文件\03\源文件\详细操作\编辑混合对象.ai

### 1. 调整"混合选项"

创建混合图形后，双击工具箱中的"混合工具"按钮或执行"对象 > 混合 > 混合选项"菜单命令，可打开"混合选项"对话框，设置混合选项，调整混合效果，具体操作步骤如下。

#### 01 查看图形

按快捷键【Ctrl++】，将混合后的图形放大，可能会因混合开始与混合结束间的步数偏少而出现色块现象，应用"选择工具"选中能看出色块的混合对象，双击工具箱中的"混合工具"按钮 🖼。

#### 02 设置"混合选项"

打开"混合选项"对话框，❶在对话框中选择"间距"为"指定的步数"，❷在右侧数值框中输入"150"，其他参数不变，❸单击"确定"按钮。

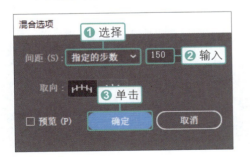

#### 03 调整混合效果

软件会根据输入的数值增加混合开始与混合结束之间的步数，去除色块效果。

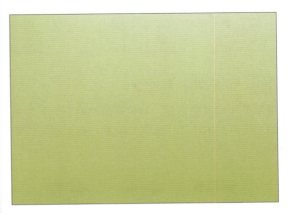

### 2. 调整混合图形的大小和位置

除了利用"混合选项"改变图形混合效果，还可以通过调整混合对象中一个原始对象的大小和位置来改变图形混合效果，具体操作步骤如下。

#### 01 选择原始图形

❶选择工具箱中的"直接选择工具"，❷单击选中一个原始图形，❸然后选择工具箱中的"选择工具"，显示定界框。

## 02 缩小并移动位置

将鼠标指针移到定界框左下角位置，当鼠标指针变为 ⤢ 形时，单击并向内拖动，缩小图形，然后将缩小后的原始图形向右移到瓶子右侧合适的位置上。

## 03 继续调整其他图形

继续使用同样的方法，对另外两个混合对象中的原始图形的大小和位置进行调整，得到不同的图形混合效果。

## 3. 调整混合图形的颜色

创建混合效果时，原始对象的颜色也是影响混合效果的关键因素之一。对于混合后的图形，可以根据情况，重新调整原始对象的颜色，创建不同的图形混合效果，具体操作步骤如下。

## 01 选择图形并单击色板

❶单击工具箱中的"直接选择工具"按钮 ▶，❷单击选中一个原始图形，❸打开"色板"面板，单击面板中的 Gold 2 色板。

## 02 更改填充颜色

此时选中图形的填充颜色被更改，可以看到混合图形的整体颜色也随之发生变化。应用"直接选择工具"选中另外一个原始图形。

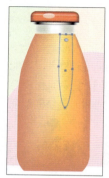

## 03 单击色板并更改更多颜色效果

❶单击"色板"面板中的 Summer Hot Pink 色板，更改填充颜色，❷应用"直接选择工具"单击选中绿色瓶子中间的原始图形，❸单击"色板"面板中的 Yellow Green 色板，更改填充颜色，设置后在画板中查看更改后的图形混合效果。

本章通过三个典型的实例讲解了如何为绘制的图形填充颜色和描边，主要包括颜色的设置、使用"实时上色工具"编组和上色、应用"渐变工具"和"网格工具"填充渐变颜色等。接下来通过习题帮助巩固所学的知识。

## 习题1——制作精美的产品简介图

产品简介图需要将产品的功能、特点清楚地表现出来。本习题要为某品牌护肤品制作产品简介图，运用渐变网格制作出水滴形状的精华液效果，通过液体自然渗透的画面表现产品易吸收、能够快速改善皮肤的功效。

● 使用"矩形工具"绘制正方形图形，为图形填充渐变颜色，然后把网格素材复制到背景中；

● 使用"圆角矩形工具"在背景中绘制不同弧度的圆角矩形，应用"网格工具"在图形中创建渐变网格，设置网格点颜色，填充渐变；

● 使用"钢笔工具"和"椭圆工具"绘制水滴、椭圆等图形，再使用相同方法建立渐变网格，最后加入文字内容，完善效果。

◎ 素　材：随书资源\课后练习\03\素材\01.ai
◎ 源文件：随书资源\课后练习\03\源文件\制作精美的产品简介图.ai

## 习题2——制作BBQ海报

BBQ 是 Barbecue 的缩写，也就是我们常说的户外"烧烤大会"。本习题要为 BBQ 活动设计海报，通过运用绘图工具在画面中绘制出锅具、食物、刀叉等比较具象化的元素，烘托海报的主题。

● 用"矩形工具"绘制背景图形，设置填充颜色填充图形；

● 用"钢笔工具"在背景中绘制锅具、番茄、西瓜、汉堡等图形；

● 用"选择工具"选中绘制的图形，创建实时上色组，使用"实时上色工具"为图形上色；

● 在中间留白的位置添加文字，并为文字填充上与图形相同的颜色，完成海报的设计。

◎ 素　材：无
◎ 源文件：随书资源\课后练习\03\源文件\制作BBQ海报.ai

# 第4章

# 对象的组织和管理

在 Illustrator 中绘制图形时，为了更加有序地对图形对象进行编辑，需要进行一些组织和管理的操作，具体包括：对象的选择，如全选、反选和取消选择；对象的变换，如缩放、旋转等；对象的锁定与解锁；对象的隐藏与显示；对象堆叠顺序的调整；对象的对齐与分布；对象的编组与解组。本章将详细地介绍这些组织和管理图形对象的操作。

# 绘制可爱背景图案

背景图案泛指在视觉图像中与人所看到的前景相对应的、起到衬托前景和协调色调等作用的独立图案。本实例要设计一个由可爱的花朵组成的背景图案，在设计时，先绘制出一个花瓣形状的图形，然后对花瓣图形进行复制和旋转，得到完整的花朵图形，继续对花朵图形进行复制和排布，填满整个画板，完成背景图案的制作。

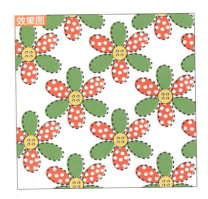

## 4.1.1 选择图形对象

Illustrator 的工具箱提供了多种选择对象的工具，使用这些工具可以准确选择画板中的对象。下面分别介绍使用"选择工具""直接选择工具""套索工具""魔棒工具"选择对象的方法。

◎ **素 材:** 无
◎ **源文件:** 随书资源\实例文件\04\源文件\详细操作\选择图形对象.ai

### 1. 使用"选择工具"

"选择工具"是最为常用的选择对象的工具，它主要通过单击或拖动的方式来选中画板中的对象，具体操作步骤如下。

#### 01 绘制图形并填充颜色

创建新文件，使用"矩形工具"绘制矩形图形，单击工具箱中的"填色"按钮，打开"拾色器"对话框，在对话框中设置填充颜色为 R247、G245、B237，填充矩形图形。

#### 02 绘制图形并填充颜色

选择"钢笔工具"，在画板中绘制一个花瓣形状的图形，打开"颜色"面板，在面板中设置填充颜色为 R130、G186、B6。

#### 03 使用"选择工具"复制对象

❶单击工具箱中的"选择工具"按钮▷，可看到花瓣图形四周出现一个定界框，表明该对象为选中状态，❷按住【Alt】键不放，单击花瓣图形并向右拖动。

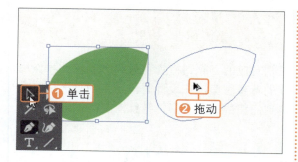

## 04 填充颜色

当拖动到一定的位置后，释放鼠标，即可复制选中的花瓣图形，可以看到复制出的图形处于选中状态。

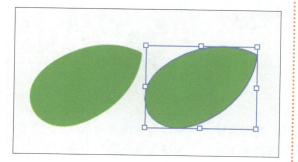

## 2. 使用"直接选择工具"

使用"直接选择工具"在对象中单击，可以选中路径上的所有锚点和线段。如果只需要选中路径中的某个锚点，则使用此工具单击选中路径后，再单击选中路径中的锚点即可，具体操作步骤如下。

## 01 使用"直接选择工具"选择对象

❶单击工具箱中的"直接选择工具"按钮▶，❷将鼠标指针移到右侧复制出的花瓣图形上单击，选中整个路径。

## 02 使用"直接选择工具"选中锚点

将鼠标指针移到对象右侧的一个锚点上单击，即可选中该锚点，此时会在路径中出现相应的方向线。

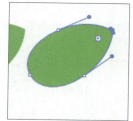

## 03 更改选中对象的填充颜色

打开"颜色"面板，在面板中将填充颜色设置为R214、G33、B33，更改选中的路径对象的颜色。

## 3. 使用"套索工具"

"套索工具"可以用于选择对象、锚点或路径段。选择"套索工具"后，围绕需要选择的整个对象或对象的一部分拖动鼠标，当拖动的终点与起点重合时，释放鼠标，即可选中框选的对象，具体操作步骤如下。

## 01 使用"套索工具"沿对象拖动

❶单击工具箱中的"套索工具"按钮，❷将鼠标指针移到要选择的对象附近，然后沿着对象边缘单击并拖动鼠标。

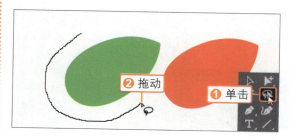

## 02 选中对象

当终点与起点重合时，释放鼠标，即可选中选框中的两个图形对象。

## 03 复制选中的对象

按快捷键【Ctrl+C】，复制选中的两个图形对象，再按快捷键【Ctrl+V】两次，粘贴得到两组相同的图形对象。

### 4. 使用"魔棒工具"

"魔棒工具"主要通过单击对象的方式来选择具有相同的填充颜色、描边粗细、描边颜色、不透明度或混合模式的对象。当需要在画板中选择具有相同属性的多个对象时，使用"魔棒工具"能够快速达到目的，具体操作步骤如下。

## 01 使用"魔棒工具"单击

❶单击工具箱中的"魔棒工具"按钮 ，❷将鼠标指针移到绿色图形上单击，此时可以看到画板中所有与单击对象有相同属性的绿色图形都被选中。

 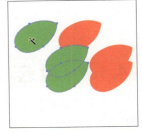

## 02 单击选择其他对象

将鼠标指针移到红色图形上单击，此时可以看到画板中所有与单击对象有相同属性的红色图形都被选中。

## 4.1.2 全选和取消选择

当画稿中的对象较多时，使用"选择工具"选择所有对象非常麻烦，此时可以应用"全部"命令快速达到目的。此外，对于已经选中的对象，可以应用"取消选择"命令取消选中状态。具体操作步骤如下。

◎ 素　材：无
◎ 源文件：随书资源\实例文件\04\源文件\详细操作\全选和取消选择.ai

**01** 执行"全部"命令

在画板中未选中任何对象时，执行"选择 > 全部"菜单命令，执行命令后，可以看到画板中的所有对象都被选中。

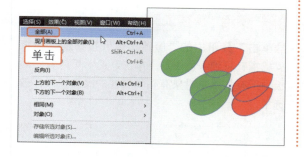

**02** 执行"取消选择"命令

执行"选择 > 取消选择"菜单命令，执行命令后，可以看到画面中所有对象的选中状态都被取消了。

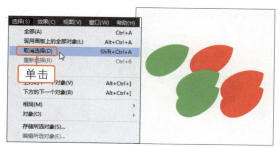

### 4.1.3 反选对象

如果要选择所有未选中对象并取消选择所有已选中的对象，可以使用"选择"菜单中的"反向"命令来实现，具体操作步骤如下。

◎ 素　材：无
◎ 源文件：随书资源\实例文件\04\源文件\详细操作\反选对象.ai

**01** 使用"选择工具"选中对象

❶单击工具箱中的"选择工具"按钮，❷在画板中的一个对象上单击，选中该对象并显示相应的定界框。

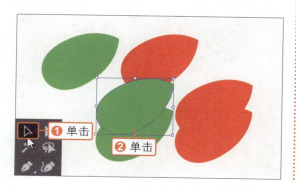

**02** 执行"反向"命令反选对象

执行"选择 > 反向"菜单命令，执行命令后，取消选择所有已选中的对象并选中所有之前未选中的对象。

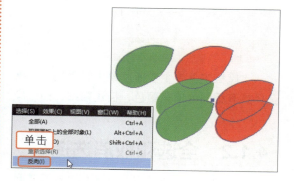

### 4.1.4 旋转对象

旋转对象是指将对象围绕指定的参考点旋转，默认的参考点是对象的中心点。如果选中了多个对象，则这些对象都将围绕同一个参考点旋转。在 Illustrator 中，可以通过多种不同的方法来旋转对象，下面分别对几种常用的旋转对象的方法进行介绍。

◎ 素 材：无
◎ 源文件：随书资源\实例文件\04\源文件\详细操作\旋转对象.ai

## 1. 使用定界框

使用"选择工具"选中一个对象后，在该对象周围会出现一个类似矩形的边框，这个边框被称为定界框。在定界框的四个角上和四边的中间都有一个空心的小方块，在这些小方块附近拖动鼠标，可以对对象进行旋转，具体操作步骤如下。

### 01 使用"选择工具"选中对象

❶单击工具箱中的"选择工具"按钮 ，❷单击选中需要旋转的花瓣图形，显示定界框，❸将鼠标指针移到定界框左上角附近，此时鼠标指针变为 ↰ 形。

### 02 拖动鼠标旋转对象

单击并拖动鼠标，对选中的图形对象进行旋转，旋转对象时会在画板中显示当前旋转的角度，当拖动到合适的角度后，释放鼠标即可完成图形对象的旋转操作。

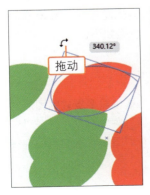 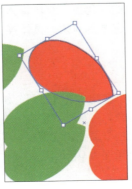

### 03 查看并移动对象位置

查看旋转后的图形对象，然后使用"选择工具"将旋转后的图形对象向其左上方拖动，调整其位置。

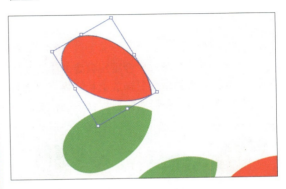

## 2. 使用"旋转工具"

使用"旋转工具"可以使对象围绕指定的中心点进行任意角度的旋转。选择工具箱中的"旋转工具"后，使用该工具在对象上单击并拖动，可将对象按鼠标拖动的方向旋转，具体操作步骤如下。

### 01 选择对象并单击"旋转工具"

❶使用"选择工具"单击选中需要旋转的图形对象，❷单击工具箱中的"旋转工具"按钮 ，显示对象上的锚点及旋转的中心点。

### 02 单击并拖动

❶使用"旋转工具"在选中的图形对象右侧单击，更改旋转的中心点位置，❷然后在图形对象上单击并沿顺时针方向拖动。

对象的组织和管理

❶ 单击 ❷ 拖动

### 03 旋转并移动对象

在拖动过程中，图形对象会围绕自定的中心点旋转，旋转到合适的角度后释放鼠标，再用"选择工具"将旋转后的图形对象移到合适的位置。

### 3. 使用"旋转"命令

使用"旋转"命令可以控制旋转的角度，完成更精确的对象旋转。执行"对象 > 变换 > 旋转"菜单命令，打开"旋转"对话框，在对话框中可以指定旋转角度来旋转选中的对象，具体操作步骤如下。

### 01 选择对象并执行"旋转"命令

❶使用"选择工具"单击选中需要旋转的图形对象，❷执行"对象 > 变换 > 旋转"菜单命令。

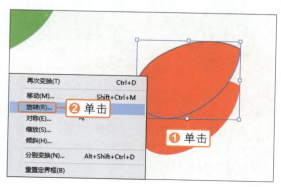

### 02 设置旋转的角度

❶打开"旋转"对话框，在对话框中输入"角度"为 189°，❷勾选"预览"复选框，即时预览效果，❸确认无误后，单击"确定"按钮。

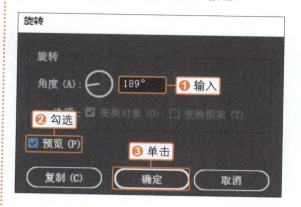

### 03 旋转并移动对象

返回绘图窗口，可以看到根据设置的角度旋转了选中的对象，将旋转后的对象移到上方合适的位置。

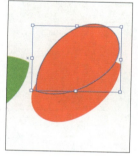 

### 4. 使用"变换"面板

要精确旋转对象，除了使用"旋转"命令，还可以使用"变换"面板。在"变换"面板中的"角度"框中输入数值就能按照此数值旋转选中的对象，具体操作步骤如下。

### 01 选择对象

❶使用"选择工具"单击选中需要旋转的图形对象，❷执行"窗口 > 变换"菜单命令，打开"变换"面板，在面板中可看到图形对象的当前旋转角度为 0°。

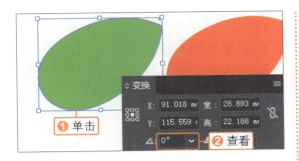

## 04 选择并定位中心点

**①** 使用"选择工具"单击选中另一个需要旋转的图形对象，**②** 打开"变换"面板，单击参考点定位器下方的白方块，更改旋转的中心点。

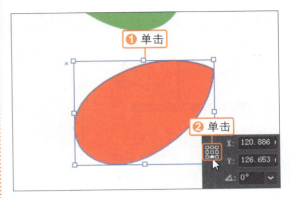

## 02 输入旋转角度

在"角度"文本框中单击，激活文本框，在文本框中输入负值可顺时针旋转对象，输入正值可逆时针旋转对象，这里输入旋转的角度值为123°。

## 05 输入参数旋转对象

在"角度"文本框中输入数值61.2°，按【Enter】键，即可根据指定的中心点和角度旋转图形对象，最后将选中的图形对象移到合适的位置。

## 03 旋转并移动对象

输入完毕后按【Enter】键，即可应用输入的数值旋转选中的图形对象，将旋转后的图形对象向上移到合适的位置。

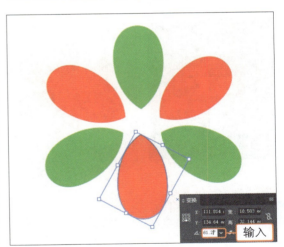

## 4.1.5 锁定与解锁对象

　　锁定对象可防止对象被选择和编辑。在 Illustrator 中，可以通过执行"对象 > 锁定"菜单命令，锁定选定的对象或选定对象以外的其他对象。锁定对象后，可以通过执行菜单命令解除对象的锁定状态。下面分别对锁定对象和解锁对象的方法进行介绍。

◎ **素　材：** 无
◎ **源文件：** 随书资源\实例文件\04\源文件\详细操作\锁定与解锁对象.ai

对象的组织和管理

79

## 01 执行"上方所有图稿"命令

❶使用工具箱中的"选择工具"单击选中最下方的矩形对象，❷执行"对象 > 锁定 > 上方所有图稿"菜单命令，锁定矩形对象上方所有的对象。

## 02 查看锁定对象的效果

执行"窗口 > 图层"菜单命令，打开"图层"面板，在面板中可以看到被锁定的对象前方会显示锁形图标，此时应用"选择工具"单击上方的对象时，将不能再选择单击处的对象。

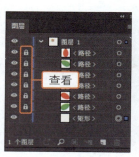

## 03 执行"全部解锁"命令

❶执行"对象 > 全部解锁"菜单命令，解除所有对象的锁定状态，并选中之前锁定的所有对象，❷在"图层"面板中可看到对象前方的锁形图标已消失。

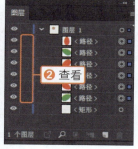

## 04 选择并锁定对象

❶使用工具箱中的"选择工具"再次单击选中下方的矩形对象，❷执行"对象 > 锁定 > 所选对象"菜单命令。

## 05 查看锁定对象的效果

打开"图层"面板，在面板最下方可以看到矩形对象前方显示一个锁形图标，说明该对象已被锁定。

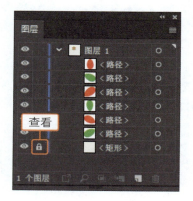

## 06 选择对象

选择工具箱中的"选择工具"，❶在画板中的花瓣对象附近单击并拖动鼠标，形成一个选框，框住所有花瓣对象，释放鼠标，❷即可选中选框中的所有花瓣对象。

## 07 复制图形

❶按快捷键【Ctrl+C】，复制选中的对象，执行"编辑 > 就地粘贴"菜单命令，粘贴对象，❷在工具箱中单击"无"按钮，去除对象的填充颜色。

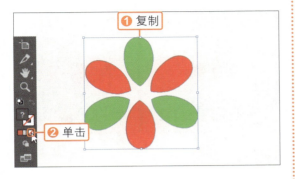

## 08 设置描边效果

❶双击工具箱中的"描边"按钮，❷在打开的"拾色器"中设置描边颜色为 R67、G41、B24，更改图形的描边效果。

## 09 选择并锁定对象

❶使用"选择工具"将描边的花朵图形向右移动到空白的位置，❷框选左侧的花朵对象，❸执行"对象 > 锁定 > 所选对象"菜单命令，锁定选中的多个对象。

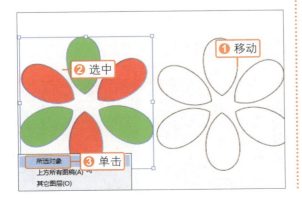

## 10 设置描边选项

使用"选择工具"选中未锁定的对象，打开"描边"面板，❶在面板中设置"粗细"为 4 pt，❷勾选"虚线"复选框，❸输入参数值为 8 pt，应用描边效果，将描边后的对象移到适当的位置。

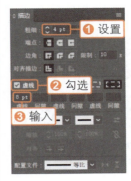 

## 11 锁定选中的对象

❶执行"对象 > 锁定 > 所选对象"菜单命令，锁定选中的对象，❷单击选择"椭圆工具"，在花朵中心绘制圆形，❸将圆形填充颜色设置为 R255、G210、B21，❹再在绘制好的黄色圆形中间绘制四个白色圆形。

## 12 使用"套索工具"选择对象

选择工具箱中的"套索工具"，❶沿着绘制的圆形周围拖动鼠标，当拖动的终点与起点重合时，释放鼠标，❷选中所有圆形对象。

### 13 创建复合图形

打开"路径查找器"面板，❶单击"减去顶层"按钮，创建镂空的图形效果，使用"钢笔工具"在图形上方再绘制另外的图形，结合"路径查找器"面板拼合图形，打开"拾色器"对话框，❷将填充颜色设置为 R67、G41、B24。

### 14 绘制图形并解锁全部对象

选择"椭圆工具"，在红色花瓣中绘制白色圆形。执行"对象 > 全部解锁"菜单命令，解锁全部对象。

### 15 锁定矩形并选择花朵图形

应用"选择工具"选中背景矩形，执行"对象 > 锁定 > 所选对象"菜单命令，再次锁定矩形。然后使用"选择工具"单击并拖动，选中未锁定的所有对象。

### 16 复制图形

按住【Alt】键不放，将鼠标指针移到选中的对象上方，当指针变为▶形时，单击并拖动，复制得到更多相同的花朵图形，填满整个画板。执行"对象 > 全部解锁"菜单命令，解锁全部对象。

## 4.1.6 调整对象堆叠顺序

　　在 Illustrator 中绘制图形时，会从第一个对象开始按顺序堆叠所绘制的对象。对象的堆叠顺序决定了对象之间相互遮挡的关系，从而决定了图稿的显示效果。通过"排列"菜单命令可以更改图形对象的堆叠顺序。下面将通过执行"排列"命令调整背景矩形的堆叠顺序，具体操作步骤如下。

◎ **素　材：** 无
◎ **源文件：** 随书资源\实例文件\04\源文件\详细操作\调整对象堆叠顺序.ai

### 01 选中画板中的对象

单击工具箱中的"选择工具"按钮▶，将鼠标指针移到背景矩形上方，单击鼠标选中背景矩形。

执行"对象 > 排列 > 置于顶层"菜单命令，或者按快捷键【Ctrl+Shift+]】，将背景矩形置于所有对象的最上层。

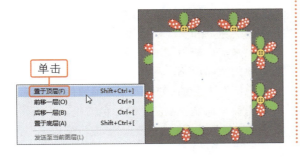

执行"选择 > 全部"菜单命令，或者按快捷键【Ctrl+A】，全选对象，再按快捷键【Ctrl+7】，创建剪切蒙版，将矩形之外的对象隐藏。

**技巧提示** 应用快捷键调整堆叠顺序

选中画板中的对象后，按快捷键【Ctrl+Shift+]】，可将选中对象置于最顶层；按快捷键【Ctrl+]】，可将选中对象上移一层；按快捷键【Ctrl+[】，可将选中对象下移一层；按快捷键【Ctrl+Shift+[】，可将选中对象置于最底层。

## 4.2 制作电子游戏场景

游戏场景在整部电子游戏作品中起着十分重要的作用。游戏场景的造型是体现游戏整体风格和艺术追求的重要因素。本实例要为某电子游戏制作场景效果，画面中使用了具象化的钱币、草地、蘑菇、花朵、楼梯等元素，并利用较清爽的配色营造出清新、可爱的视觉效果，以带给玩家更好的游戏体验。

### 4.2.1 缩放对象

在 Illustrator 中，可将对象沿水平或垂直方向缩放，并且可以在缩放时指定不同的参考点。下面介绍缩放对象的几种方法。

对象的组织和管理

83

◎ 素　材：随书资源\实例文件\04\素材\01.ai
◎ 源文件：随书资源\实例文件\04\源文件\详细操作\缩放对象.ai

## 1．使用"比例缩放工具"

　　使用"比例缩放工具"可以围绕固定点调整对象的大小。选中对象，然后使用该工具在对象上拖动即可缩放对象。若要保持对象的宽高比例，则需按住【Shift】键进行拖动。下面讲解"比例缩放工具"的使用方法，具体操作步骤如下。

### 01　绘制图形

打开 01.ai 素材文件，❶单击选择"椭圆工具"，❷按住【Shift】键不放，单击并拖动，绘制一个圆形，❸然后复制该圆形，使用"选择工具"选中复制的圆形，将其移到下方合适的位置，❹应用"拾色器"设置圆形的填充颜色。

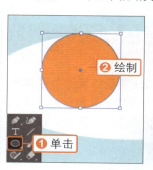

### 02　等比例缩小图形

❶单击工具箱中的"比例缩放工具"按钮，❷这里需要对下方的圆形进行等比例缩放，将鼠标指针置于圆形中，按住【Shift】键不放，单击并向内侧拖动，当拖动到合适的大小后，释放鼠标，缩小圆形。

## 2．使用"变换"面板

　　使用"变换"面板缩放对象时，需要在面板中的"宽"和"高"选项右侧的文本框中输入数值来实现较为精准的缩放操作。如果要保持对象的宽高比例，则单击激活"约束宽度和高度比例"按钮；如果要更改缩放的参考点，则单击参考点定位器上的白色方框。下面将应用"变换"面板对复制的图形进行缩放编辑，具体操作步骤如下。

### 01　复制图形并更改填充颜色

使用"选择工具"选中黄色的圆形，❶按快捷键【Ctrl+C】和【Ctrl+V】复制并粘贴圆形，❷然后单击"颜色"面板左下角的白色色块，将圆形填充为白色。

### 02　设置缩放选项

执行"窗口 > 变换"菜单命令，打开"变换"面板，❶单击激活"约束宽度和高度比例"按钮，保持对象长、宽比例不变，❷输入"宽"值为19 mm，按【Enter】键。

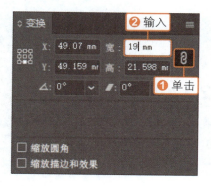

**03** 缩小选中的对象

此时"高"值自动设置为 19 mm，完成圆形的
等比例缩放。

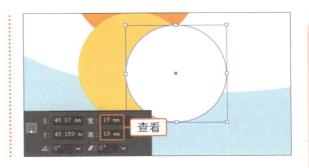

## 4.2.2 对齐和分布对象

在 Illustrator 中，使用"对齐"面板和"控制"面板（默认位于菜单栏下方）中的选项可以
沿指定的轴对齐或分布所选对象。对齐和分布对象时，可以使用对象边缘或锚点作为参考点，并
且可以对齐所选对象、画板或关键对象。下面通过对齐对象制作同心圆效果，具体操作步骤如下。

◎ **素　材:** 无
◎ **源文件:** 随书资源\实例文件\04\源文件\详细操作\对齐和分布对象.ai

**01** 选中多个对象

❶单击选择工具箱中的"选择工具"，❷按住
【Shift】键不放，依次单击选中需要对齐和分布
的三个圆形。

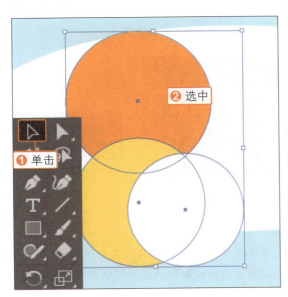

**02** 单击"水平居中对齐"按钮对齐对象

执行"窗口>控制"菜单命令，打开"控制"面板，
单击面板中的"水平居中对齐"按钮，对齐选
中的圆形。

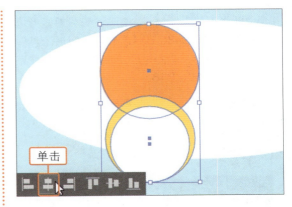

**03** 单击"垂直居中对齐"按钮对齐对象

执行"窗口>对齐"菜单命令，打开"对齐"面板，
单击面板中的"垂直居中对齐"按钮，对齐选
中的圆形。

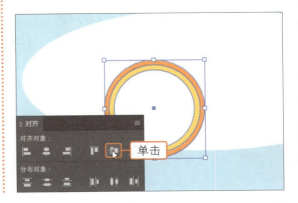

## 04　创建复合路径

❶按住【Shift】键不放，单击最后一层的圆形，取消它的选中状态，❷打开"路径查找器"面板，单击面板中的"减去顶层"按钮❑，创建复合路径，再使用相同方法绘制更多图形，❸使用"文字工具"在图形中间输入数字1。

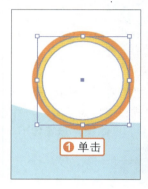

## 05　绘制两个不同颜色的矩形

使用"矩形工具"绘制一个矩形，❶设置矩形填充颜色为R86、G48、B14，使用"矩形工具"再绘制一个稍小一些的矩形，❷设置矩形填充颜色为R119、G69、B18。

## 06　应用"对齐"面板对齐对象

使用"选择工具"选中两个矩形，打开"对齐"面板，❶单击面板中的"左对齐"按钮❑，左对齐选中的两个矩形，❷单击"水平居中对齐"按钮❑，以水平居中对齐方式对齐选中的两个矩形。

## 07　继续绘制并对齐对象

结合"椭圆工具"和"钢笔工具"在画面中绘制更多的图形，然后使用"选择工具"选中其中的两个绿色图形，打开"对齐"面板，单击"垂直底对齐"按钮❑，对齐对象。

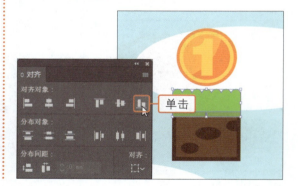

## 4.2.3　编组和解组对象

通过编组可以将若干个对象合并到一个组中，编组后的多个对象将被作为一个单元同时进行处理，例如，同时移动位置、变换大小等。调整编组对象时，不会影响其原始属性或相对位置。当完成对象的编组后，还可以取消编组，以便分别进行处理。下面将通过编组和取消编组的操作，完成场景中更多元素的设计，具体操作步骤如下。

◎　素　材：无
◎　源文件：随书资源\实例文件\04\源文件\详细操作\编组和解组对象.ai

第4章

## 01 选择多个对象

❶单击工具箱中的"选择工具"按钮 ▷，❷将鼠标指针移到画板中，单击并拖动鼠标，❸选中要编组的对象。

## 02 执行"编组"命令

执行"对象 > 编组"菜单命令，或者按快捷键【Ctrl+G】，将上一步选中的多个对象编为一个群组。

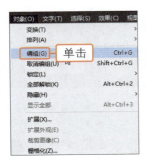
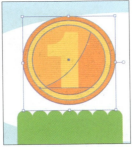

## 03 继续选择并编组对象

❶单击工具箱中的"选择工具"按钮 ▷，❷将鼠标指针移到金币下方，单击并拖动鼠标，选择其他需要编组的对象，❸执行"对象 > 编组"菜单命令，编组对象。

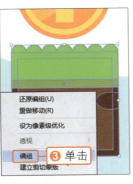

## 04 复制编组后的金币对象

❶使用"选择工具"单击选中编组后的金币对象，❷按住【Alt】键不放，单击并向右拖动，复制编组后的金币对象。

## 05 复制编组后的草坪对象

❶使用"选择工具"单击选中编组后的草坪对象，❷按住【Alt】键不放，单击并向右拖动，复制编组后的草坪对象。

## 06 复制更多对象

继续使用相同的方法，复制更多编组的对象，然后分别使用"选择工具"选中并移动这些对象，再结合前面讲解的对齐和分布对象的方法，对齐和分布这些对象。

**07　选择对象并取消编组**

使用"选择工具"选中一个草坪对象，❶右击该对象，❷在弹出的快捷菜单中执行"取消编组"命令。

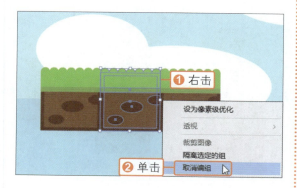

**08　选择并删除对象**

使用"选择工具"单击选中中间的一个椭圆形图形，按【Delete】键，删除选中的图形。

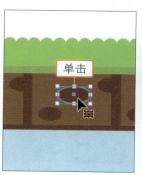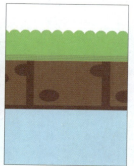

**09　绘制图形并填充颜色**

❶单击工具箱中的"钢笔工具"按钮 ，❷在图形上方绘制骨头形状路径，然后双击工具箱中的"填色"按钮，打开"拾色器"对话框，❸在对话框中设置颜色值为R244、G215、B174，单击"确定"按钮，填充图形。

**10　复制图形**

使用相同的方法，对其他几个编组的对象进行解组，删除多余的图形后，复制骨头图形，并移到相应的位置。

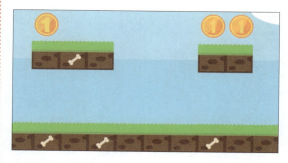

**11　水平翻转对象**

❶使用"选择工具"单击选中最下面一排第二个骨头图形，❷打开"属性"面板，单击"变换"选项组中的"水平轴翻转"按钮 ，水平翻转选中对象。

**12　继续水平翻转对象**

❶使用"选择工具"单击选中最下面一排最右侧的骨头图形，❷打开"属性"面板，单击"变换"选项组中的"水平轴翻转"按钮 ，同样水平翻转选中对象。

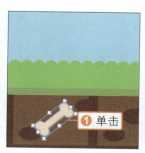

## 13 执行"编组"命令将对象编组

选择工具箱中的"选择工具",按住【Shift】键不放,依次单击选中需要编组的对象,执行"对象 > 编组"菜单命令,将选中的对象进行编组,再应用相同的方法,对另外几个解组的对象进行编组。

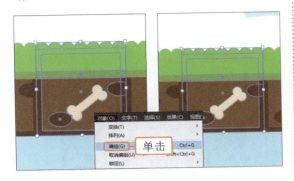

## 14 执行"取消编组"命令取消编组

使用"选择工具"选中右下角的草坪对象,右击该对象,在弹出的快捷菜单中执行"取消编组"命令,取消编组状态。

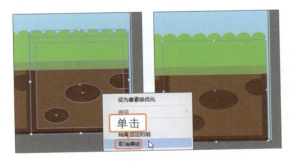

## 15 调整图形大小

应用"选择工具"选中最下方的矩形图形,将鼠标指针移到定界框右侧边线上,当指针变为↔形时,单击并向右拖动,放大图形。

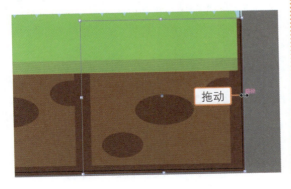

## 16 调整图形并重新编组

选中上方两个图形,❶单击并向右拖动,增加图形宽度,设置后使用"选择工具"选中解组后的多个对象,右击选中对象,❷在弹出的快捷菜单中执行"编组"命令,重新将对象编组。

## 17 选择对象

应用"钢笔工具"在画面中绘制更多的图形,并使用相同的方法,对图形进行编组。使用"选择工具"选中楼梯下方的草坪对象。

## 18 将对象置于顶层

执行"对象 > 排列 > 置于顶层"菜单命令,或按快捷键【Ctrl+Shift+]】,将所选对象移到最上面一层。

对象的组织和管理

## 4.2.4 隐藏或显示对象

在 Illustrator 中，要显示或隐藏画板中的对象，可以通过执行"隐藏"和"显示全部"命令来实现，具体操作步骤如下。

◎ 素　材：随书资源\实例文件\04\素材\02.ai
◎ 源文件：无

第4章

**01　选择要隐藏的对象**

❶单击工具箱中的"选择工具"按钮▹，❷将鼠标指针移到需要隐藏的对象上，单击选中该对象。

**02　执行"所选对象"命令**

执行"对象 > 隐藏 > 所选对象"菜单命令，或者按快捷键【Ctrl+3】，隐藏当前选中的对象。

**03　选择对象**

❶单击工具箱中的"选择工具"按钮▹，将鼠标指针移到另一个对象上，❷单击选中对象。

**04　执行"上方所有图稿"命令**

执行"对象 > 隐藏 > 上方所有图稿"命令，将选中对象上方的所有对象隐藏起来。

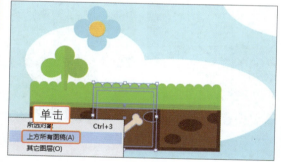

**05　执行"显示全部"命令**

执行"对象 > 显示全部"菜单命令，或者按快捷键【Ctrl+Alt+3】，重新显示所有隐藏的对象。

# 4.3 课后练习

本章通过两个典型的实例讲解了图形对象的组织和管理方法，主要包含选择对象、调整对象堆叠顺序、编组与解组对象、隐藏与显示对象等。接下来通过习题进一步巩固所学知识。

## 习题1——制作几何风格画册封面

封面是画册必备的元素。本习题要为某企业的形象宣传画册设计封面，在设计中利用简洁的三角形作为主要设计元素，通过对三角形进行大小、位置的适当变换，构成和谐又不失设计感的画面，再将企业徽标添加到画面中间，突出企业的品牌形象，强化读者对这一艺术符号的记忆，打好品牌建设的基础。

● 使用"多边形工具"在画板中绘制三角形，调整三角形的混合模式和不透明度；

● 将绘制的三角形复制出多个，对复制的三角形进行缩放和旋转处理，并在画面中进行合理的排布；

● 选择处理后的多个三角形，将其编组后复制到另一个画板中；

● 添加上文字和修饰图形，应用"对齐"面板对齐和分布元素，最后将 01.ai 中的徽标图形复制到封面上。

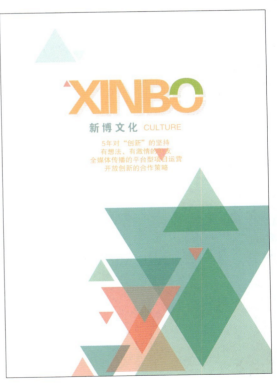

◎ 素　材：随书资源\课后练习\04\素材\01.ai
◎ 源文件：随书资源\课后练习\04\源文件\制作几何风格画册封面.ai

对象的组织和管理

## 习题2——制作毕业派对宣传单

每到一年毕业季，举办一场别具一格的毕业派对是一件非常有意义的事情。本习题要为某高校设计毕业派对宣传单，画面中使用了具有代表性的彩旗、学位帽、条幅等元素来表现活动的主题。

● 用"矩形工具"绘制蓝色的背景，在背景中绘制彩旗、云朵等元素；

● 使用"选择工具"选择画板上方的彩旗图形，将图形分别编组，复制蓝色的矩形背景，建立剪切蒙版；

● 应用"魔棒工具"分别选择下方的学位帽、云朵、条幅等图形，将图形编组，打开02.ai文字素材，将其复制到画稿中，选中复制的文字对象，将填充颜色更改为白色。

◎ 素　材：随书资源\课后练习\04\素材\02.ai
◎ 源文件：随书资源\课后练习\04\源文件\制作毕业派对宣传单.ai

读书笔记

# 第 **5** 章

# 图形的高级处理

　　本章将详细讲解图形的高级处理操作。例如，对图形进行镜像、倾斜、液化、封套扭曲等编辑操作，得到更复杂的形状效果；为图形添加各种预设的图形样式，或者将自己调整好的填充、描边、投影等效果存储到"图形样式"面板中作为自定义样式，然后将其快速应用于其他图形，以提高设计效率。

# 5.1 制作彩色菱形格促销横幅广告

横幅广告又称 Banner，大多用于网站页面。本实例要为网店设计一个促销活动的横幅广告。为了让画面简洁、美观，在画面中绘制不同颜色的菱形，用于放置网店所销售的衣服、帽子、鞋子等商品的图形，然后在画面中间添加表明促销活动内容的文字，在周围留白的位置添加箭头图形，给予观者明确的视觉引导。整个画面中的主要元素以镜像对称的方式排布，显得规整、有序，方便观者一眼就能浏览到重要的信息。

原　图

效果图

## 5.1.1 镜像图形

镜像图形是以指定的不可见轴为镜像轴来翻转选中的图形。在 Illustrator 中，可以使用"镜像工具"、"自由变换工具"或"属性"面板对图形进行镜像操作。下面介绍创建镜像图形的几种方式。

◎ 素　材：随书资源\实例文件\05\素材\01.ai
◎ 源文件：随书资源\实例文件\05\源文件\详细操作\镜像图形.ai

### 1. 使用"镜像工具"

创建镜像图形时，如果要指定镜像轴，需要使用"镜像工具"。"镜像工具"按照设置的不可见镜像轴翻转选中的图形，具体操作步骤如下。

| 01 使用"矩形工具"绘制图形 | 02 旋转并移动图形 |
|---|---|
| 创建新文件，❶选择工具箱中的"矩形工具"，❷在工具箱中设置矩形的填充颜色为R0、G191、B194，描边颜色为"无"，❸按住【Shift】键不放，单击并拖动，绘制矩形。 | 使用"选择工具"选中矩形，将鼠标指针移到矩形右上角位置，当指针变为↰形时，单击并拖动，旋转矩形，再将旋转后的矩形向左移到合适的位置。 |

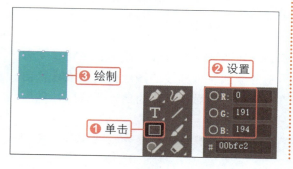
❸ 绘制　❷ 设置　❶ 单击
R: 0　G: 191　B: 194　# 00bfc2

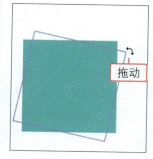
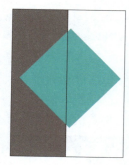
拖动

## 03 复制多个图形

选中矩形，按住【Alt】键不放，单击并拖动鼠标，复制多个相同大小的矩形。

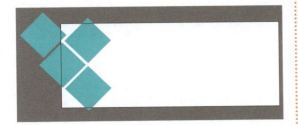

## 04 更改图形填充颜色

分别选中复制的矩形，❶设置填充颜色为 R254、G107、B145，❷ R254、G238、B200，❸ R254、G192、B1。

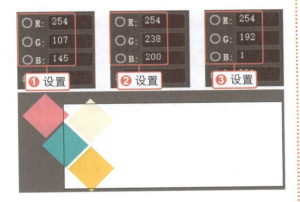

## 05 确定镜像轴的第一个点

❶使用"选择工具"同时选中几个矩形，❷单击工具箱中的"镜像工具"按钮▷◁，将鼠标指针移到画稿中间留白的位置，❸单击以确定镜像轴的第一个点，单击后鼠标指针变为▶形状。

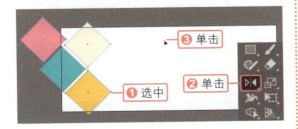

## 06 确定镜像轴的第二个点

将鼠标指针定位到另一个位置，按住【Alt】键不放，单击以确定镜像轴的第二个点。

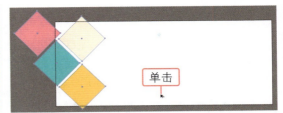

## 07 创建镜像的图形

在画板中可以看到创建了对象的镜像副本，应用"选择工具"选中并调整副本对象的位置。

## 08 绘制箭头图形

使用"钢笔工具"在画面中连续单击，绘制箭头图形，❶单击工具箱中的"渐变"按钮■，为箭头图形填充渐变，❷打开"渐变"面板，更改渐变颜色。

## 09 复制并旋转箭头图形

使用"选择工具"选中并复制箭头图形，将鼠标指针移到定界框右上角位置，单击并拖动鼠标，旋转图形。

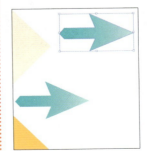

## 10 选择"镜像工具"

❶单击工具箱中的"镜像工具"按钮▷◁，将鼠标指针移到箭头下方空白处，❷单击以确定轴上的第一个点，单击后鼠标指针变为▷形状。

## 11 单击创建镜像图形

移动鼠标指针至适当位置，按住【Alt】键不放，单击以确定轴上的第二个点，单击后即创建选中箭头对象的镜像副本。

## 12 选中多个图形

选择工具箱中的"选择工具"，按住【Shift】键不放，单击选中多个箭头图形。

## 13 单击确定翻转轴

单击工具箱中的"镜像工具"按钮▷◁，在画板中间位置单击，确定轴上的第一个点，然后按住【Alt】键不放再单击，确定轴上的第二个点。

## 14 创建镜像图形

此时创建了对象的镜像副本，单击"选择工具"按钮▷，选中并调整副本对象的位置。

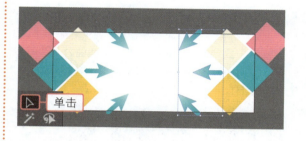

## 2. 使用"自由变换工具"

除了使用"镜像工具"，还可以使用"自由变换工具"创建镜像图形。选择"自由变换工具"后，单击并拖动选中图形的定界框边缘的控制手柄，当其越过对面的边缘或手柄时，释放鼠标就能创建镜像图形，具体操作步骤如下。

## 01 打开并复制素材

打开 01.ai 素材文件，将文件中的鞋子、帽子、衣服等图形复制到创建的新文件中，调整复制的图形的大小和位置。

## 02 选择"自由变换工具"

❶使用"选择工具"单击选中需要创建镜像的鞋子图形，❷单击工具箱中的"自由变换工具"按钮▷。

### 3. 使用"属性"面板

"属性"面板中的"变换"选项组提供了"水平轴翻转"和"垂直轴翻转"两个按钮，通过单击这两个按钮，可以快速水平或垂直翻转图形，从而获得镜像的图形效果，具体操作步骤如下。

**03 单击并拖动控制手柄**

将鼠标指针移到定界框右侧边缘位置，当指针变为❖形时，单击并向左拖动定界框的控制手柄，使其越过对面的边缘或手柄，直至对象位于所需的镜像位置。

**01 单击"水平轴翻转"按钮**

❶使用"选择工具"单击选中画板中的帽子图形，❷展开"属性"面板，在面板中的"变换"选项组中单击"水平轴翻转"按钮。

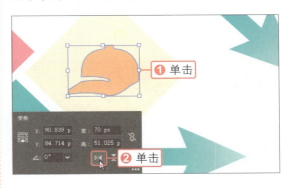

**04 移动镜像图形**

在保持图形比例不变的情况下，创建水平镜像的鞋子图形，将创建的镜像图形向右拖动到合适位置。

**02 查看水平翻转效果**

在画板中可看到翻转后的图形效果。

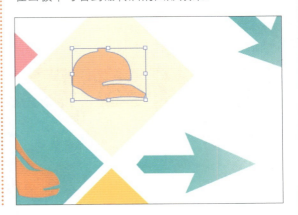

## 5.1.2 倾斜图形

倾斜操作可沿水平或垂直轴，或相对于特定轴的特定角度，来倾斜或偏移对象。制作倾斜的图形时，可以根据要达到的倾斜效果，指定倾斜的参考点。在 Illustrator 中可通过"倾斜工具"、"倾斜"命令及"变换"面板等多种方式创建倾斜的图形，下面分别进行介绍。

◎ 素　材：无
◎ 源文件：随书资源\实例文件\05\源文件\详细操作\倾斜图形.ai

### 1. 使用"倾斜工具"

　　使用"倾斜工具"可以使图形对象产生向任意角度倾斜的效果。选择"倾斜工具"后，在图形上单击并拖动就能轻松创建倾斜的图形效果，具体操作步骤如下。

#### 01　选择"倾斜工具"

❶单击选中需要倾斜的图形，❷按住工具箱中的"比例缩放工具"按钮不放，在展开的工具组中单击选择"倾斜工具"。

#### 02　单击并拖动图形

将鼠标指针移到所选对象旁边，单击并拖动即可倾斜图形。

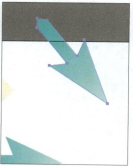

### 2. 使用"倾斜"命令

　　使用"倾斜"命令可以实现更加精确的倾斜效果。执行"对象 > 变换 > 倾斜"菜单命令，打开"倾斜"对话框，在对话框中可以指定倾斜角度及倾斜的轴，具体操作步骤如下。

#### 01　执行"倾斜"命令

❶单击选中需要倾斜的箭头图形，❷执行"对象 > 变换 > 倾斜"菜单命令，或双击工具箱中的"倾斜工具"按钮。

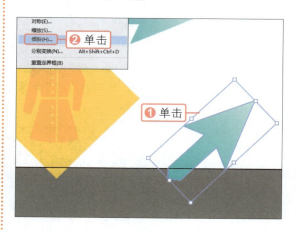

#### 02　设置"倾斜"选项

打开"倾斜"对话框，❶在对话框中输入相应的倾斜角度值，❷单击"垂直"单选按钮，选择沿垂直轴倾斜对象，❸设置后单击"确定"按钮。

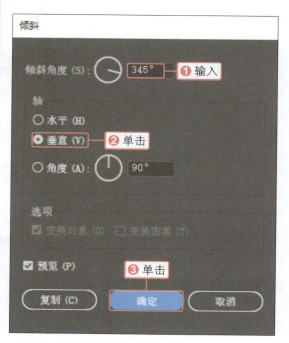

### 03　查看倾斜的图形

此时在画板中可以看到根据设置的选项，创建了倾斜的箭头效果。

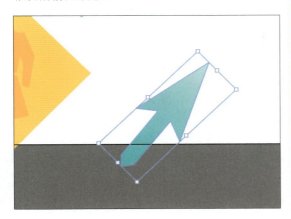

### 03　继续创建倾斜的图形

❶使用"选择工具"单击选中下方另一个箭头图形，❷单击"倾斜"右侧的下拉按钮，❸在展开的下拉列表中单击选择 -20。

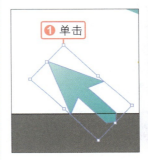

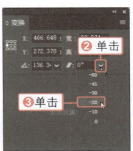

## 3.　使用"变换"面板

　　使用"变换"面板中的"倾斜"选项同样可以为选择的图形设置不同的倾斜效果。利用"变换"面板设置倾斜效果时，可以单击"倾斜"右侧的下拉按钮，在展开的下拉列表中选择预设倾斜角度，也可以直接在文本框中输入数值，具体操作步骤如下。

### 04　查看图形效果

软件会根据选择的角度值倾斜图形，在画板中查看倾斜后的图形效果。

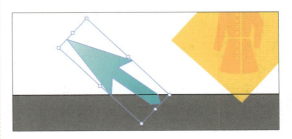

### 01　应用"选择工具"选中对象

选择图稿中需要倾斜的箭头图形，执行"窗口 > 变换"菜单命令，打开"变换"面板。

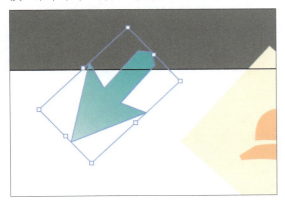

### 05　选择图形并编组

使用"选择工具"选中画板中的所有图形，按快捷键【Ctrl+G】，将图形编组。

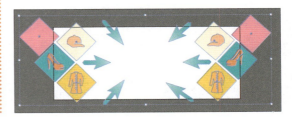

### 02　在"变换"面板中设置参数值

在"变换"面板中，❶单击参考点定位器上的白色方框，更改参考点，❷然后在"倾斜"文本框中输入要倾斜的角度值。

**06** 建立剪切蒙版剪切图形

使用"矩形工具"在画板中绘制同等大小的矩形，选中矩形和下方编组后的图形，右击图形，在弹出的快捷菜单中执行"建立剪切蒙版"命令。

**07** 添加文字完善效果

此时矩形外的菱形、箭头等图形已被隐藏，结合"文字工具"和"圆角矩形工具"在画面中绘制图形并添加文字，完善效果。

## 5.2 设计抽象的卡片图案

卡片是用于承载信息或用于娱乐的物品，如电话卡、明信片、身份证、扑克等。本实例要为某美容店设计一组停车卡。根据一般女性的审美特点，采用较为清新的粉红色和绿色作为主要配色，通过在卡片中绘制矩形、圆形等规则的基本图形，然后对图形进行变形处理，得到丰富的图案效果，最后搭配上说明文字。

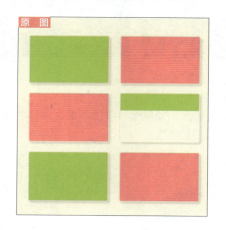

### 5.2.1 图形的液化变形

利用"液化工具"工具组可以使图形产生扭曲、部分膨胀、晶格化等交互式变形效果。Illustrator 提供了 8 种液化工具，下面介绍比较常用的几种液化工具。

◎ **素　材**：随书资源\实例文件\05\素材\02.ai
◎ **源文件**：随书资源\实例文件\05\源文件\详细操作\图形的液化变形.ai

### 1．使用"旋转扭曲工具"

"旋转扭曲工具"可以使对象的形状产生类似漩涡的旋转扭曲效果。双击工具箱中的"旋转扭曲工具"按钮 ，可打开"旋转扭曲工具选项"对话框，对话框中的"旋转扭曲速率"选项用于调整漩涡旋转速度的快慢。

## 01 绘制矩形图形

打开 02.ai 素材文件，❶单击选择工具箱中的"矩形工具"，❷打开"颜色"面板，设置填充颜色为 R244、G234、B193，❸在第一张卡片上方单击并拖动，绘制一个矩形图形。

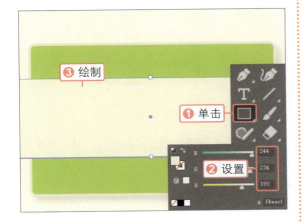

## 02 设置"旋转扭曲工具选项"

按住工具箱中的"宽度工具"按钮不放，❶在展开的工具组中单击选择"旋转扭曲工具"，❷双击"旋转扭曲工具"按钮，打开"旋转扭曲工具选项"对话框，❸在对话框中设置"宽度"和"高度"为 140 mm、"强度"为 80%，❹"旋转扭曲速率"为 30°、"细节"为 7，其他参数不变，设置后单击"确定"按钮。

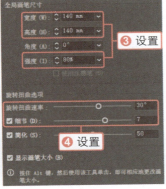

## 03 移动鼠标指针

将鼠标指针移到矩形图形上侧边缘位置，确认旋转扭曲的中心点位置，此时鼠标指针呈⁝形。

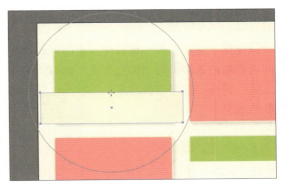

## 04 创建旋转扭曲的图形

按住鼠标左键不放，应用设置的"旋转扭曲工具选项"创建旋转扭曲变形图形，得到漩涡形状的图形。

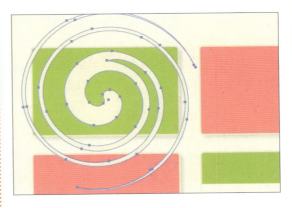

## 05 创建剪切蒙版

原位复制粘贴下方的绿色矩形，使用"选择工具"同时选中复制的矩形和漩涡图形，执行"对象 > 剪切蒙版 > 建立"菜单命令，或者按快捷键【Ctrl+7】，创建剪切蒙版，隐藏超出矩形范围的漩涡图形。

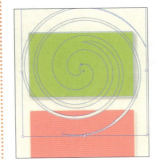 

## 2．使用"缩拢/膨胀工具"

使用"缩拢工具"可以使对象的形状产生向内收缩的效果；而"膨胀工具"则与"缩拢工具"相反，它可以使对象的形状产生向外膨胀的效果。

### 01 绘制矩形图形

选择工具箱中的"矩形工具"，在第二张卡片上方单击并拖动，绘制矩形图形。

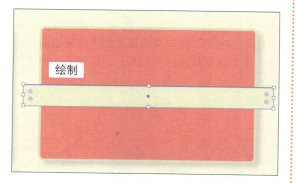

绘制

### 02 设置"收缩工具选项"

选择工具箱中的"缩拢工具"，❶双击"缩拢工具"按钮，打开"收缩工具选项"对话框，❷在对话框中输入画笔"宽度"和"高度"均为 105 mm、"强度"为 10%，❸"简化"为 40，其他参数不变，设置后单击"确定"按钮。

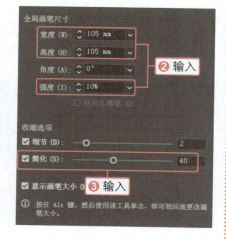

### 03 创建收缩的图形

将鼠标指针移到矩形中间位置，按住鼠标左键不放，缩拢图形。

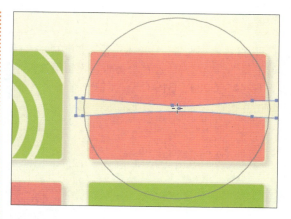

### 04 复制图形并调整位置

选中收缩后的图形，调整图形位置，然后复制图形并对其进行变换，在矩形上方创建更多收缩的图形。

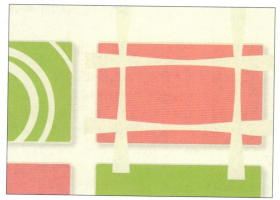

### 05 建立剪切蒙版

原位复制粘贴下方的粉红色矩形，使用"选择工具"同时选中矩形和变形的图形，按快捷键【Ctrl+7】，建立剪切蒙版，隐藏超出矩形范围的图形。

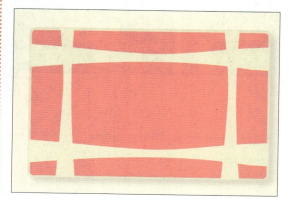

## 06 绘制矩形图形

选择工具箱中的"矩形工具"，在第三张卡片中间位置单击并拖动鼠标，绘制一个矩形。

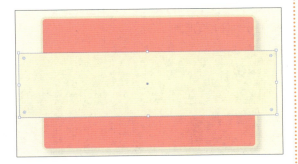

## 07 设置"膨胀工具选项"

选择"膨胀工具"，❶双击"膨胀工具"按钮 ，打开"膨胀工具选项"对话框，❷在对话框中输入画笔"宽度"为90 mm、"高度"为50 mm、"强度"为20%，❸"简化"为2，其他参数不变，设置后单击"确定"按钮。

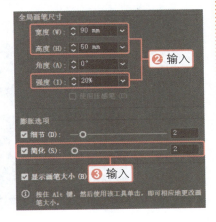

## 08 创建膨胀的图形

将鼠标指针移到矩形中间位置，按住鼠标左键不放，应用设置的"膨胀工具选项"扭曲图形，使图形产生向外膨胀的效果。

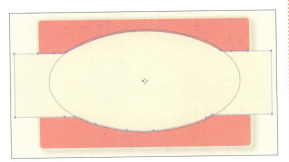

## 09 建立剪切蒙版

原位复制粘贴下方的粉红色矩形，使用"选择工具"同时选中矩形和变形的图形，按快捷键【Ctrl+7】，建立剪切蒙版，隐藏超出矩形范围的图形。

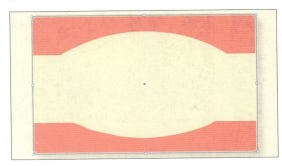

## 3. 使用"扇贝/晶格化工具"

"扇贝工具"可以向图形的轮廓添加随机弯曲的细节，使图形产生类似贝壳外表波浪起伏的效果；"晶格化工具"可以向图形的轮廓添加随机锥化的细节，使图形产生尖锐外凸的效果。"扇贝工具"和"晶格化工具"都可以通过"复杂性"选项来控制变形效果的间距，设置的数值越高，产生的变形越复杂。

## 01 绘制圆形图形

选择"椭圆工具"，按住【Shift】键不放，在第四张卡片上方单击并拖动鼠标，绘制圆形图形。

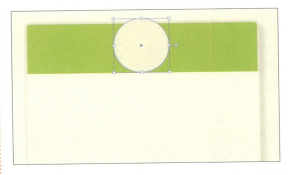

## 02 设置"扇贝工具选项"

选择工具箱中的"扇贝工具"，❶双击"扇贝工具"按钮 ，打开"扇贝工具选项"对话框，❷在对话框中输入"宽度"和"高度"均为35 mm、"强度"为40%，❸勾选"画笔影响锚点"复选框，单击"确定"按钮。

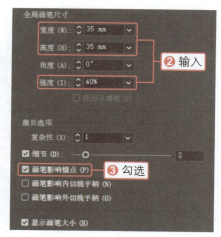

### 05 绘制圆形图形

❶单击选择工具箱中的"椭圆工具"，❷打开"颜色"面板，设置填充颜色为 R169、G198、B64，❸按住【Shift】键不放，单击并拖动鼠标，绘制一个绿色的圆形。

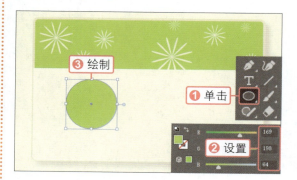

### 03 创建扭曲变形的图形

将鼠标指针移到圆形中心位置，按住鼠标左键不放，应用设置的"扇贝工具选项"创建扭曲变形的图形。

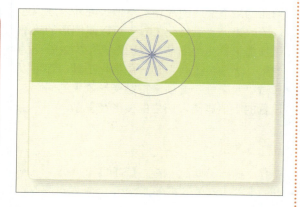

### 06 设置"扇贝工具选项"

❶双击工具箱中的"扇贝工具"按钮，再次打开"扇贝工具选项"对话框，❷在对话框中勾选"画笔影响内切线手柄"复选框，其他参数不变，❸单击"确定"按钮。

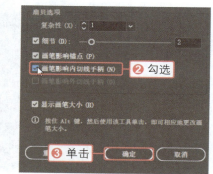

### 04 复制图形并调整大小和位置

选中变形后的图形，复制出多份，然后分别调整复制图形的大小和位置，得到更丰富的图案效果。

### 07 创建扭曲变形的图形

将鼠标指针移到绿色圆形中心位置，单击鼠标，应用设置的"扇贝工具选项"创建扭曲变形的图形。

第5章

## 08 复制图形并调整大小和位置

复制变形后的图形，然后分别选中两个变形的图形，调整图形的大小和位置，最后创建剪切蒙版，隐藏多余的图形。

## 09 绘制圆形图形

❶单击选择工具箱中的"椭圆工具"，❷在"颜色"面板中设置填充颜色为 R244、G234、B193，❸按住【Shift】键不放，在第五张卡片上方单击并拖动，绘制一个圆形图形。

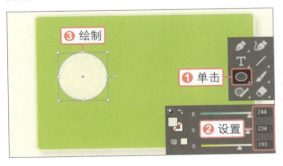

## 10 设置"晶格化工具选项"

选择"晶格化工具"，❶双击"晶格化工具"按钮，打开"晶格化工具选项"对话框，❷设置"宽度"和"高度"均为 45 mm、"强度"为 40%，❸勾选"画笔影响锚点"和"画笔影响外切线手柄"复选框，其他参数不变，单击"确定"按钮。

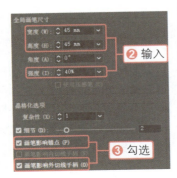

## 11 制作尖锐的图形

将鼠标指针移到圆形图形中心位置，单击鼠标，应用设置的"晶格化工具选项"创建扭曲图形，使图形产生尖锐外凸的效果。

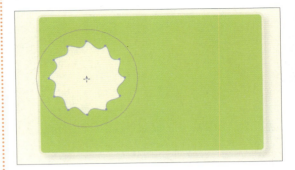

## 12 绘制黄色圆形图形

❶单击选择"椭圆工具"，❷在"颜色"面板中将填充颜色设置为 R255、G206、B0，❸按住【Shift】键不放，在变形的图形中间单击并拖动，绘制圆形图形。

## 13 调整"晶格化工具选项"

❶双击"晶格化工具"按钮，再次打开"晶格化工具选项"对话框，❷在对话框中设置"复杂性"为 4、"细节"为 5，❸取消勾选"画笔影响外切线手柄"复选框，其他参数不变，设置后单击"确定"按钮。

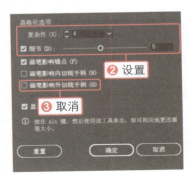

## 14 制作向外尖凸的图形

将鼠标指针移到黄色圆形中心位置，单击鼠标，应用设置的"晶格化工具"创建更复杂的图形。

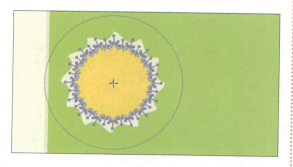

## 15 绘制圆形图形

❶单击选择工具箱中的"椭圆工具"，❷在"颜色"面板中设置填充颜色为 R244、G234、B193，❸按住【Shift】键不放，单击并拖动，再绘制一个圆形图形。

## 16 调整"晶格化工具选项"

❶双击"晶格化工具"按钮，打开"晶格化工具选项"对话框，❷在对话框中设置"复杂性"为2、"细节"为2，❸勾选"画笔影响内切线手柄"和"画笔影响外切线手柄"复选框，其他参数不变，单击"确定"按钮。

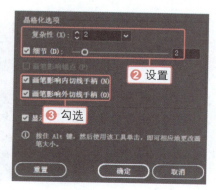

## 17 单击创建变形图形

将鼠标指针移到圆形图形中心位置，单击鼠标，应用设置的"晶格化工具选项"变形图形。

## 18 复制多个图形并调整大小和位置

用"选择工具"选择变形的图形，按住【Alt】键不放，单击并拖动，复制出多个图形，分别调整图形的大小和位置，再使用"钢笔工具"在花朵下方绘制出枝叶的图形。

**技巧提示** **快速调整画笔的宽度和高度**

选择工具箱中的液化变形工具后，按住【Alt】键不放，在画面中左、右拖动，可以快速更改画笔的宽度，在画面中上、下拖动，可以快速更改画笔的高度。

## 4. 使用"褶皱工具"

"皱褶工具"可以向图形的轮廓添加类似于皱褶的细节，使图形在水平或垂直方向产生不规则的波浪效果。应用"褶皱工具"扭曲图形时，设置的"强度"值越大，得到的波纹越明显，具体操作步骤如下。

## 01 绘制矩形图形

❶单击选择工具箱中的"矩形工具"，❷在"颜色"面板中将填充颜色设置为 R244、G234、B193，❸在第六张卡片上方单击并拖动，绘制矩形图形。

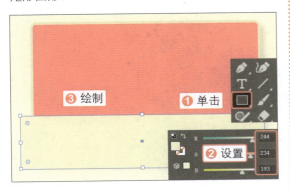

## 02 设置"褶皱工具选项"

选择"褶皱工具"，❶双击"褶皱工具"按钮 ▨，打开"褶皱工具选项"对话框，❷设置"宽度"和"高度"均为 50 mm、"强度"为 100%，❸"复杂性"为 3、"细节"为 5，❹勾选"画笔影响锚点"复选框，其他参数不变，单击"确定"按钮。

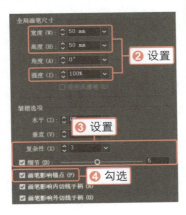

## 03 创建变形图形

将鼠标指针移到矩形上边线左侧位置，按住鼠标左键不放，应用设置的"褶皱工具选项"扭曲图形，使图形产生不规则的波浪效果。

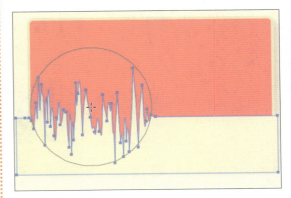

## 04 继续创建变形图形

将鼠标指针移到矩形上边线右侧位置，按住鼠标左键不放，创建扭曲图形，最后复制底层矩形，创建剪切蒙版，将多余的部分隐藏。

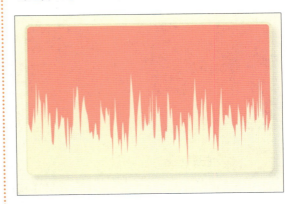

图形的高级处理

## 5.2.2 图形的操控变形

利用操控变形功能，可以扭转和扭曲图形的某些部分，使变换看起来更自然。在 Illustrator 中使用"操控变形工具"可以添加、移动和旋转操控点，以便将图形平滑地转换到不同的位置以变换成不同的形态。下面使用"操控变形工具"对花朵下方的枝叶图形进行变形处理，具体操作步骤如下。

◎ 素　材：无
◎ 源文件：随书资源\实例文件\05\源文件\详细操作\图形的操控变形.ai

**01** 选择"操控变形工具"

❶使用"选择工具"单击选中需要变形的图形，
❷单击工具箱中的"操控变形工具"按钮 。

**02** 单击添加操控点

将鼠标指针移到图形上方，单击要变换的区域和固定的区域以添加操控点，为了获得良好的变形效果，这里单击添加 3 个操控点。

**03** 拖动操控点

单击并拖动操控点即可变形图形，在画板中查看变形后的图形效果。

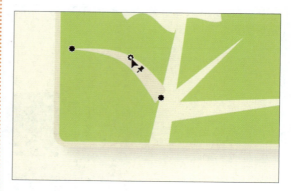

**04** 继续变形图形

使用相同的方法，选择其他的枝叶图形，应用"操控变形工具"对图形做变形处理。

**技巧提示**  **扭转图稿**

　　如果需要应用"操控变形工具"扭转图稿，则选择相应的操控点，然后将鼠标指针放在该点附近的位置，但不要放在点的上方。当出现虚线圆圈时，直接拖动即可旋转网格。

## 5.2.3　图形的封套扭曲变形

　　在 Illustrator 中，封套是对选定对象进行扭曲和改变形状的操作，可利用画板上的图形对象来制作封套，也可使用预设的变形或网格作为封套来扭曲图形。选中图形后，执行"对象 > 封套扭曲"菜单命令，在打开的级联菜单中选择相应的命令即可创建封套效果，下面分别对创建封套的几种方法进行介绍。

　◎　**素　材：**无
　◎　**源文件：**随书资源\实例文件\05\源文件\详细操作\图形的封套扭曲变形.ai

第 5 章

## 1. 使用变形建立封套扭曲

执行"对象 > 封套扭曲 > 用变形建立"菜单命令，打开"变形选项"对话框，在对话框中的"样式"下拉列表中选择预设的变形效果，并调整下方的选项来控制变形效果，具体操作步骤如下。

### 01 添加文字

选择工具箱中的"文字工具"，在卡片中输入相应的文字内容，根据需要调整文字的大小和排列效果。

### 02 选择文字并转换为图形

使用"选择工具"选中卡片中间的文字对象，按快捷键【Ctrl+Shift+O】，将文字转换为图形。

### 03 执行"用变形建立"命令

❶使用"选择工具"选中第一排文字图形，❷执行"对象 > 封套扭曲 > 用变形建立"菜单命令。

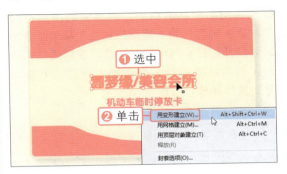

### 04 设置"变形选项"

打开"变形选项"对话框，❶在对话框中单击"样式"下拉按钮，在展开的下拉列表中选择"上弧形"样式，❷然后设置"弯曲"值为35%，调整图形弯曲度，❸设置后单击"确定"按钮。

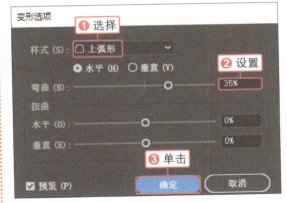

### 05 查看变形效果

取消文字图形的选中状态，查看应用变形选项创建的变形效果。

**第5章**

## 2. 使用网格建立封套扭曲

执行"用网格建立"命令可以对图形对象建立封套网格，并通过对网格的更改达到改变封套内图形形状的目的。对选中的图形执行"对象 > 封套扭曲 > 用网格建立"菜单命令，即可打开"封套网格"对话框，在对话框中通过设置网格的行数与列数确定创建的网格数量，具体操作步骤如下。

### 01 执行"用网格建立"命令

❶使用"选择工具"单击选中文字对象，按快捷键【Ctrl+Shift+O】，将文字转换为图形，❷执行"对象 > 封套扭曲 > 用网格建立"菜单命令。

### 02 设置封套网格选项

打开"封套网格"对话框，❶在对话框中输入网格"行数"为2、"列数"为5，❷输入完成后单击"确定"按钮。

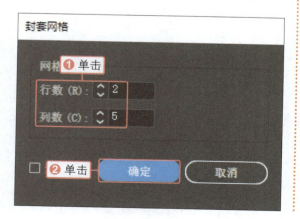

### 03 建立封套效果

软件将添加封套网格。选择工具箱中的"直接选择工具"，在建立的网格上单击选中网格点，并拖动网格点进行调整，使图形随网格的变化而产生扭曲变形。

> **技巧提示** **调整变形选项**
>
> 执行"窗口 > 控制"菜单命令，将会在菜单栏下方显示"控制"面板。使用"选择工具"选中封套对象后，在"控制"面板中可以看到选择的对象为"封套"，通过设置其他选项，可以更改封套变形的样式、弯曲和扭曲效果。

## 3. 使用顶层对象建立封套扭曲

执行"用顶层对象建立"命令可以将选中的图形对象依照最上层对象的形状进行扭曲。用这种方法建立封套时，需要同时选中多个对象，但顶层对象必须是单个路径或网格，或者是包含单个路径或网格的符号等。下面介绍具体操作步骤。

### 01 绘制图形并设置颜色

选择"星形工具"，❶在画面中单击并拖动，绘制图形，❷单击工具箱中的"互换填色和描边"按钮，互换填充颜色和描边颜色。

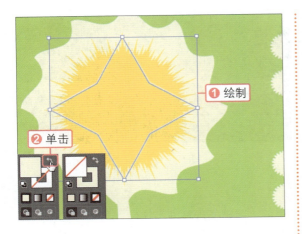

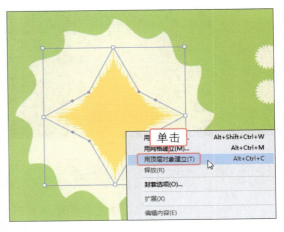

## 02 选中图形

选择工具箱中的"选择工具"，按住【Shift】键不放，依次单击星形和下方黄色的图形，同时选中两个图形对象。

## 04 调整封套扭曲效果

选择"直接选择工具"，按住【Shift】键不放，单击选中不规则图形上的多个锚点，调整锚点的位置，可以看到封套效果也随之发生改变。

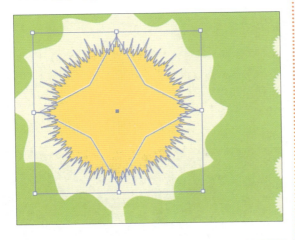

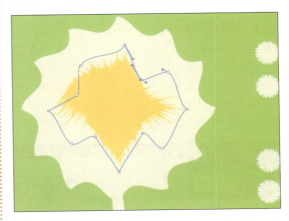

## 03 执行"用顶层对象建立"命令

执行"对象 > 封套扭曲 > 用顶层对象建立"菜单命令，即可看到下方黄色的图形被添加到星形内部。

**技巧提示** 释放封套效果

创建封套对象后，执行"对象 > 封套扭曲 > 释放"菜单命令，可以释放创建的封套效果。

## 5.3 制作个性导航栏

导航栏是指位于页面顶部或者侧边的区域，起到链接网站或软件内的各个页面的作用。本实例要为某网店制作一个导航栏，在设计的过程中，为了让导航栏呈现出层次感和立体感，将使用"渐变工具"为图形填充渐变颜色，并为其设置投影样式，然后把设置的渐变颜色和投影效果创建为新的图形样式，再对其他的图形应用相同的图形样式，并适当进行调整，使其呈现出更为协调的画面效果。

## 5.3.1 | 创建图形样式

在 Illustrator 中，可以单击"图形样式"面板中的"新建图形样式"按钮，将选中图形上设置的填色、描边、效果等属性新建为一个图形样式，存储于"图形样式"面板中，以便应用于其他图形，具体操作步骤如下。

◎ **素　材：**随书资源\实例文件\05\素材\03.ai
◎ **源文件：**随书资源\实例文件\05\源文件\详细操作\创建图形样式.ai

第 5 章

### 01　绘制矩形图形

打开 03.ai 素材文件，选择"圆角矩形工具"，在适当位置单击，打开"圆角矩形"对话框，❶设置图形"宽度"为 200 mm、"高度"为 10.727 mm、"圆角半径"为 3.5 mm，单击"确定"按钮，❷绘制圆角矩形。

### 02　设置渐变并填充图形

❶单击工具箱中的"渐变"按钮▣，填充默认渐变，❷打开"渐变"面板，在面板中设置从 R97、G108、B122 到 R142、G166、B191，"角度"为 90°的渐变填充颜色。

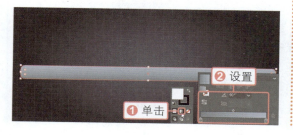

### 03　设置"投影"选项

执行"效果 > 风格化 > 投影"菜单命令，打开"投影"对话框，❶设置"不透明度"为 25%、"X 位移"和"Y 位移"均为 1 mm，❷设置完成后单击"确定"按钮。

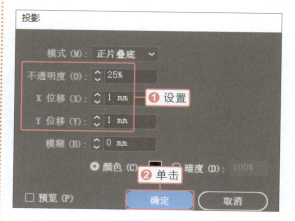

### 04　为图形添加投影

返回绘图窗口，在圆角矩形下方可以看到添加的投影效果。

## 05 打开"图形样式"面板

执行"窗口>图形样式"菜单命令，打开"图形样式"面板，在面板中显示了默认的几种图形样式。

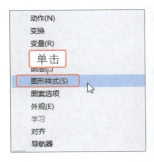

## 06 单击"新建图形样式"按钮

❶单击"图形样式"面板底部的"新建图形样式"按钮，❷将为图形设置的填充颜色、投影效果等创建为一个新的图形样式。

## 07 绘制图形并设置属性

使用工具箱中的"钢笔工具"再绘制一个图形，应用相同的操作方法，为图形设置渐变填充和投影效果。

## 08 单击"新建图形样式"按钮

打开"图形样式"面板，❶单击面板底部的"新建图形样式"按钮，❷创建另一个图形样式。

## 5.3.2 应用图形样式

　　图形样式是一系列外观属性的集合，被存储于"图形样式"面板或图形样式库中。通过图形样式，可以对图形快速应用各种不同的外观效果。下面分别介绍"图形样式"面板和图形样式库中图形样式的应用方法。

◎ 素　材：无
◎ 源文件：随书资源\实例文件\05\源文件\详细操作\应用图形样式.ai

### 1. 应用"图形样式"面板中的图形样式

　　"图形样式"面板中显示了图形样式库中选中的样式。打开"图形样式"面板后，可以将面板中的图形样式拖动到需要应用的图形上，对该图形应用样式；也可以先选中图形，然后直接单击"图形样式"面板中的样式，应用样式效果。下面介绍如何对绘制的图形应用"图形样式"面板中的图形样式，具体操作步骤如下。

## 01 绘制并选择多个图形

使用"钢笔工具"在画板中绘制其他的图形，选择"选择工具"，按住【Shift】键不放，依次单击选中两个图形。

## 02 单击应用图形样式

打开"图形样式"面板，单击之前创建的第一个图形样式，对选中的两个图形应用该样式。

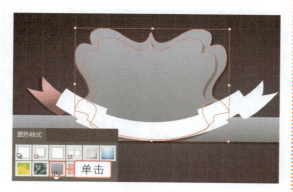

## 03 选择多个图形

选择工具箱中的"选择工具"，按住【Shift】键不放，单击选中另外的几个图形。

## 04 单击应用样式

打开"图形样式"面板，单击之前创建的第二个图形样式，对选中的多个图形应用该样式。

### 2. 应用图形样式库中的样式

　　Illustrator 提供了多种预设图形样式库。在"图形样式"面板中单击底部的"图形样式库菜单"按钮📷或右上角的扩展按钮☰，在展开的菜单中即可选择要载入的预设图形样式，并展开相应的图形样式面板。通过单击并拖动，就可以在图形中应用面板中的样式，具体操作步骤如下。

## 01 选择图形

使用"选择工具"单击选中已应用图形样式的图形，然后按快捷键【Ctrl+C】，复制图形，再执行"编辑 > 就地粘贴"菜单命令，粘贴图形。

第5章

## 02  载入"图像效果"样式库

打开"图形样式"面板，❶单击面板底部左侧的"图形样式库菜单"按钮 ，展开图形样式库菜单，❷在菜单中单击"图像效果"选项。

## 03  单击应用样式

打开"图像效果"面板，在面板中单击选择"浮雕百叶窗效果"，对复制的图形应用浮雕百叶窗样式。

## 5.3.3  更改应用的图形样式

对图形对象应用图形样式后，该样式中的所有信息都会显示在"外观"面板中，利用该面板可以对图形样式的属性选项进行重新设置，具体操作步骤如下。

◎ 素　材：无
◎ 源文件：随书资源\实例文件\05\源文件\详细操作\更改应用的图形样式.ai

## 01  选择应用样式的图形

使用"选择工具"单击选中已应用图形样式的图形对象，执行"窗口>外观"菜单命令，打开"外观"面板。

## 02  单击隐藏"描边"属性

在"外观"面板中，单击顶部"描边"属性左侧的眼睛图标 ，隐藏图形上已应用的描边属性。

## 03  单击设置描边选项

❶单击中间一个"描边"属性，❷在弹出的面板中输入"粗细"值为 1.2 pt，❸勾选"虚线"复选框，❹设置虚线长度为 4 pt、间隙为 3 pt。

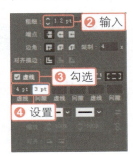

## 04 设置描边颜色

❶单击"描边"属性右侧的色框，❷在弹出的面板中单击"白色"色块，更改图形的描边颜色。

## 05 查看效果

在画板中查看更改后的图形样式，将鼠标指针移到定界框右上角，单击并拖动鼠标，调整图形的大小和位置。

## 06 选择图形

选择工具箱中的"选择工具"，单击选中另一个已应用图形样式的图形。

## 07 反转渐变颜色

打开"外观"面板，❶单击中间的"填色"属性，打开"渐变"面板，❷单击面板中的"反向渐变"按钮，反转渐变颜色。

## 08 查看效果

设置后可以看到对图形应用的新样式，得到不同的渐变填充效果。

## 09 绘制并选择图形

使用"钢笔工具"继续绘制出更多的图形，然后使用"选择工具"单击选中中间的放射状线条图形。

## 10 设置图形"不透明度"

打开"透明度"面板，在面板中将图形的"不透明度"设置为12%，降低不透明度效果。

第5章

## 12 添加文字完善效果

使用"文字工具"在图形上方输入文字，并为文字添加上投影。将部分文字转换为图形，填充上渐变颜色后，执行"对象 > 封套扭曲 > 用变形建立"菜单命令，在打开的对话框中设置选项，变形文字图形，完善画面效果。

## 11 调整图形位置和堆叠顺序

使用"选择工具"分别选取画面中的图形，将图形编组后，调整图形的堆叠顺序，然后在导航栏上绘制更多图形作为修饰。

## 5.4 课后练习

本章通过三个典型的实例介绍了更为高级的图形处理技巧，如翻转和镜像图形、扭曲变形图形、对图形应用图形样式等。接下来通过习题巩固本章所学知识。

## 习题1——制作时尚女鞋广告

本习题要根据消费群体的喜好、审美特点进行时尚女鞋广告的创意性设计，利用各种形状、颜色的图形与鞋子进行搭配，使作品主题更加突出。

- 应用"矩形工具"绘制背景图形，并为图形填充上相应的颜色；
- 使用"直线段工具"在矩形上方绘制不同颜色的线条，通过创建剪切蒙版，把超出画板的部分隐藏起来；
- 使用"椭圆工具"绘制圆形图形，应用变形工具变形图形。

◎ **素 材：** 随书资源\课后练习\05\素材\01.ai
◎ **源文件：** 随书资源\课后练习\05\源文件\制作时尚女鞋广告.ai

# 习题2——绘制狂欢节海报

狂欢节海报是以表现特殊节日氛围为目的的海报。在设计的过程中，先绘制出比较规则的图形，再对图形进行创意性的变形设计，将图形处理成各种不同的形态，利用蓝色和红色搭配，使用画面显得更为整齐、干净。

● 使用"椭圆工具""钢笔工具"在背景中绘制图形；

● 结合"扇贝工具"和"晶格化工具"对图形进行变形，制作出花朵图形；

● 使用矢量绘画工具绘制出花朵和茎叶部分；

● 选择叶子图形，使用"镜像工具"创建图形镜像副本，得到更多的叶子图形；

● 选择花茎部分图形，使用"操控变形工具"变形图形。

◎ **素　材：** 随书资源\课后练习\05\素材\02.ai
◎ **源文件：** 随书资源\课后练习\05\源文件\制作狂欢节海报.ai

## 读书笔记

# 第6章

## 图层和蒙版的应用

图层和蒙版是 Illustrator 比较重要的两个功能。利用图层能够有效地管理图形对象、调整图形之间的堆叠顺序等，在"图层"面板中可以完成对图层的编辑与管理操作，包括创建新图层、复制图层、更改图层名称等。蒙版分为剪切蒙版和不透明蒙版，使用这两种蒙版可以隐藏画面中不需要显示出来的部分对象，并且可以制作出半透明的渐隐效果。本章将详细介绍图层和蒙版的相关处理技巧。

## 6.1 设计画册

　　画册是一个展示作品或产品的平台。本实例要设计一本展示图形图像艺术设计作品的画册。为了形成统一的整体风格和观感，画册中会重复使用一些设计元素，本实例将通过创建图层对这些元素进行管理，再通过复制图层，将这些元素应用到不同的页面中，然后进行一定的变化处理，以营造出统一却又不失变化的美感。

### 6.1.1 创建图层

　　在创建和编辑复杂的图稿时，组成图稿的对象较多，有些较小的对象隐藏于较大的对象之下，增加了选中和编辑对象的难度。图层则提供了一种管理图稿中所有组成对象的有效方式。可以将图层视为用于放置不同对象的文件夹。默认情况下，所有对象都位于同一个父图层中。用户可以使用"图层"面板创建新的父图层和子图层，再将各个对象分别放置在不同的图层中，便于管理和调整对象。

◎ 素　材：无
◎ 源文件：随书资源\实例文件\06\源文件\详细操作\创建图层.ai

#### 1. 创建新图层

　　在"图层"面板中单击"创建新图层"按钮，能在选中的图层上方创建一个新图层。除此之外，也可以执行"图层"面板菜单中的"新建图层"命令创建新图层。下面将详细介绍这两种创建图层的方法，具体操作步骤如下。

**01** 单击按钮创建新图层

创建新文件，打开"图层"面板，❶单击面板底部的"创建新图层"按钮，❷在默认的"图层1"图层上方创建"图层 2"图层。

**02** 单击按钮创建新图层

❶再次单击"图层"面板中的"创建新图层"按钮，❷在"图层 2"图层上方创建"图层 3"图层。

### 03 绘制矩形并填充颜色

在"图层"面板中选中"图层2"图层，选择工具箱中的"矩形工具"，沿画板边缘单击并拖动，绘制一个同等大小的矩形，❶双击工具箱中的"填色"按钮，打开"拾色器"对话框，❷在对话框中输入颜色值为 R198、G198、B198，将矩形填充为灰色。

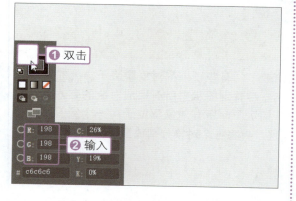

## 2. 创建新子图层

创建父图层后，可以在创建的父图层中添加一个或多个子图层。通过添加子图层，可以将一些关联的项目添加到同一父图层中，方便

对其进行管理。单击"图层"面板中的"创建新子图层"按钮，或者执行面板菜单中的"新建子图层"命令，可以在选定的父图层中创建子图层，具体操作步骤如下。

### 01 创建子图层

❶在"图层"面板中单击选中"图层3"图层，❷单击面板底部的"创建新子图层"按钮，❸在"图层3"图层内创建新的"图层4"子图层。

### 02 创建更多子图层

❶再次单击选中"图层3"图层，❷单击"创建新子图层"按钮，❸得到"图层5"子图层，用相同方法创建"图层6"子图层。

## 6.1.2 重命名图层

在"图层"面板中创建图层时，默认以创建的顺序进行图层命名。为了便于查看和修改图层中的对象，可以在创建图层时利用"图层选项"对话框设置图层名称，也可以在创建图层后利用"图层"面板重命名图层，具体操作步骤如下。

◎ 素　材：无
◎ 源文件：随书资源\实例文件\06\源文件\详细操作\重命名图层.ai

第6章

### 01　双击并输入图层名称

将鼠标指针移到"图层 2"图层上，❶双击"图层 2"图层名称文本，激活图层名称文本框，❷在文本框中输入新的图层名称"背景"。

### 02　执行面板菜单命令

❶单击选中"图层 4"子图层，❷单击"图层"面板右上角的扩展按钮▤，❸在展开的面板菜单中执行"'图层 4'的选项"命令。

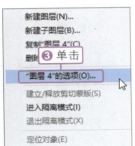

### 03　输入图层名称

打开"图层选项"对话框，❶输入图层名称为"页面"，其他选项不变，❷单击"确定"按钮。

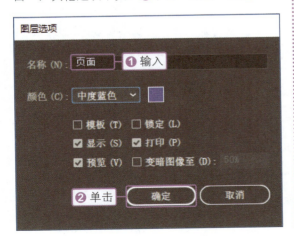

### 04　继续更改图层名称

随后可看到"图层 4"图层被重命名为"页面"图层。使用相同的方法，对"图层 3""图层 5""图层 6"进行重命名操作。

### 05　选中图层并准备绘制图形

❶在"图层"面板中单击选中"页面 01"图层下方的"页面"子图层，❷单击工具箱中的"矩形工具"按钮▣，❸在画板中单击。

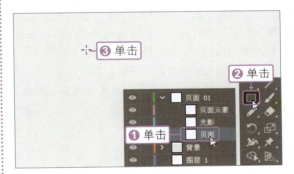

### 06　绘制图形并更改颜色

打开"矩形"对话框，❶在对话框中输入"宽度"和"高度"均为 50 mm，❷单击"确定"按钮，创建正方形图形，❸在工具箱中设置正方形填充颜色为白色，并去除描边颜色。

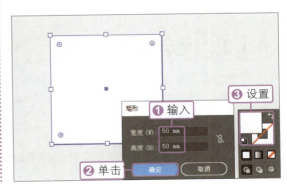

## 07　复制并移动图形

按快捷键【Ctrl+C】，复制正方形图形，再执行"编辑 > 就地粘贴"菜单命令，在原始位置粘贴复制的图形，然后按键盘中的【→】键，将复制的正方形图形向右移到合适的位置。

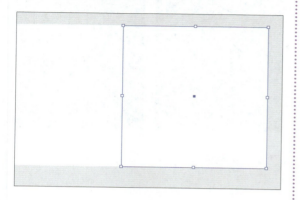

## 08　选中并复制图形

选择"选择工具"，按住【Shift】键不放，依次单击选中左侧的两个白色正方形图形，按快捷键【Ctrl+C】，复制选中的两个图形，在"图层"面板中单击选中"光影"图层，执行"编辑 > 就地粘贴"菜单命令，在原始位置粘贴复制的图形。

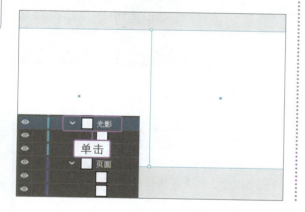

## 09　设置渐变填充

使用"选择工具"单击选中"光影"图层中左侧的图形，打开"渐变"面板，❶在面板中选择"线性"渐变，❷在渐变条下方单击添加多个渐变色标，调整色标，为图形填充渐变颜色。

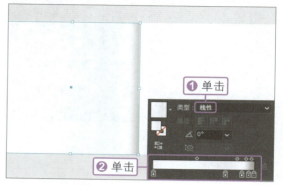

## 10　填充反向渐变

使用"选择工具"选中右侧的图形，单击"吸管工具"按钮，单击左侧设置了渐变的图形，为右侧的图形也填充上相同的渐变颜色，然后打开"渐变"面板，单击"反向渐变"按钮，创建反向渐变效果。

## 6.1.3　锁定和解锁图层

　　锁定图层可防止图层中的对象被选择和编辑。可以根据需要锁定父图层或子图层，当只锁定父图层时，其中包含的所有路径、组和子图层也被锁定，具体操作步骤如下。

◎ 素　材：无

◎ 源文件：随书资源\实例文件\06\源文件\详细操作\锁定和解锁图层.ai

## 01 单击锁定图层

在"图层"面板中单击选中"光影"子图层，将鼠标指针移到眼睛图标右侧的编辑列按钮上，❶单击鼠标即可锁定"光影"子图层，❷锁定图层后在图层前方显示一个锁形图标。

## 02 解除锁定状态

将鼠标指针移到锁定图层左侧的锁形图标上，❶单击鼠标即可解除该图层的锁定状态，❷解除锁定后锁形图标消失。

## 03 执行"锁定其他图层"命令

❶在"图层"面板中单击选中"页面元素"子图层，❷单击"图层"面板右上角的扩展按钮，❸在展开的面板菜单中执行"锁定其他图层"命令。

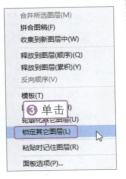

## 04 锁定其他图层并绘制图形

❶此时除"页面元素"外的其他图层被锁定，❷单击选择"钢笔工具"，在画面顶端连续单击，绘制三角形图形，双击工具箱中的"填色"按钮，打开"拾色器"对话框，❸设置填充颜色为R211、G22、B2，将绘制的图形填充为红色。

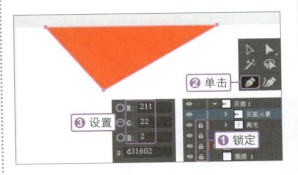

## 05 继续绘制图形并编组

继续使用"钢笔工具"在"页面元素"子图层中绘制图形，并为绘制的图形填充相同的颜色。使用"选择工具"同时选中两个红色的图形，执行"对象 > 编组"菜单命令，将选中的两个图形编组。

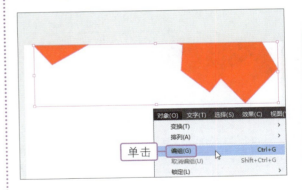

## 06 绘制更多图形

继续使用同样的方法，在画面中绘制更多不同形状的图形，并为其填充上不同的颜色。

## 07　绘制线条并设置描边效果

选择工具箱中的"钢笔工具"，❶在左侧画面中连续单击，绘制直线路径，❷在工具箱中设置描边颜色为黑色，❸打开"描边"面板，输入描边"粗细"为 0.5 pt。

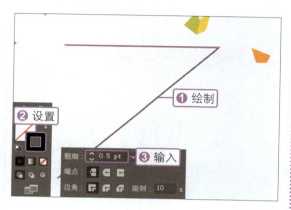

## 09　复制并旋转线条组

❶按快捷键【Ctrl+C】，复制选中的线条组，再按快捷键【Ctrl+V】，粘贴线条组，❷在"属性"面板中的"变换"选项组中输入"旋转"值为90°，旋转复制的线条组。

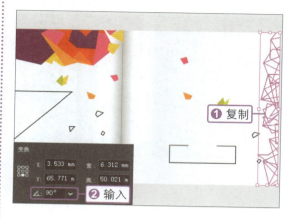

## 08　绘制更多线条

使用"钢笔工具"在画面中绘制出更多的直线路径，并为其设置相同的描边效果。用"选择工具"选中画面底部的描边线条，按快捷键【Ctrl+G】，将选中的线条编组。

## 10　添加文字

❶单击选择工具箱中的"文字工具"，❷然后将鼠标指针移到画面中的不同位置，单击后输入合适的文字，完善画面效果。

## 6.1.4　复制图层

　　复制图层是指为已存在的图层创建副本。在 Illustrator 中，复制图层有两种比较常用的方法：一是将图层拖动到"创建新图层"按钮上进行复制；二是单击"图层"面板的扩展按钮 ▤，在展开的面板菜单中执行"复制××"命令进行复制。下面将通过复制图层，创建多个同等大小的画册内页页面，具体操作步骤如下。

◎　**素　材:** 随书资源\实例文件\06\素材\01.jpg～05.jpg
◎　**源文件:** 随书资源\实例文件\06\源文件\详细操作\复制图层.ai

## 01　选择并拖动图层

打开"图层"面板，❶单击选中需要复制的"页面 01"图层，❷将该图层拖动到"图层"面板底部的"创建新图层"按钮■上方，释放鼠标，❸复制得到"页面 01_ 复制"图层。

## 02　选择并删除图层中的对象

展开"页面 01_ 复制"图层，❶选中"页面元素_复制"子图层中的所有对象，❷单击"图层"面板底部的"删除所选图层"按钮■，删除选中的对象。

## 03　调整子图层中的图形位置

解锁"光影_复制"和"页面_复制"两个子图层，❶应用"选择工具"选中这两个子图层中的矩形图形，❷向右拖动到合适的位置，得到画册内页页面。

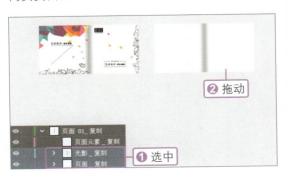

## 04　选择要置入的图像

执行"文件 > 置入"菜单命令，打开"置入"对话框，❶在对话框中单击选中需要置入到画册内页页面的图像 01.jpg，❷单击"置入"按钮。

## 05　置入素材图像

返回画板，❶根据画册内页页面的大小，在画板中单击并拖动，置入图像，❷展开"属性"面板，查看置入图像的大小和位置。

## 06　绘制多边形图形并填充颜色

双击工具箱中的"填色"按钮，打开"拾色器"对话框，❶在对话框中输入填充颜色为 R243、G96、B62，❷单击选择工具箱中的"钢笔工具"，❸在页面左侧连续单击，绘制多边形图形，应用设置的颜色填充图形。

## 07　绘制图形并设置描边效果

❶在工具箱中单击"钢笔工具"按钮，❷设置填充颜色为"无"、描边颜色为白色，❸在橙色的图形上方连续单击，绘制图形，❹打开"描边"面板，输入"粗细"值为 0.5 pt，设置描边效果。

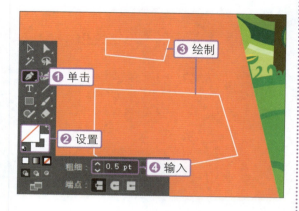

## 08　绘制线条并输入文字

❶单击选择工具箱中的"直线段工具"，在下方图形中绘制直线路径，打开"描边"面板，❷输入"粗细"为 0.25 pt，❸勾选"虚线"复选框，❹输入虚线长度为 0.5 pt，再在绘制的虚线两侧输入相应的文字。

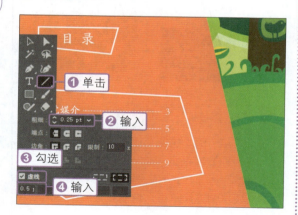

## 09　复制更多父图层

❶在"图层"面板中单击选中"页面 01_ 复制"图层，❷然后将图层拖动至"创建新图层"按钮▣上，得到"页面 01_ 复制 2"图层。继续使用同样的方法复制图层，创建更多的副本图层。

## 10　删除子图层中的对象

展开"页面 01_ 复制 2"图层中的"页面元素 _ 复制 2"子图层，❶选中图层中的所有对象，❷单击"图层"面板中的"删除所选图层"按钮▣，删除图层中的对象，得到空白的画册内页页面，将空白的内页页面移到下方相应的位置。

## 11　删除更多图层中的对象

继续使用相同的方法，展开其他几个父图层中的"页面元素 _ 复制 ×"子图层，删除子图层中的所有对象，创建更多空白的内页页面。

## 12 在图层中添加新的内容

分别选中"图层"面板中相应的父图层和子图层，将需要的图像置入到合适的位置，并添加相应的文字和图形。

## 6.1.5 调整图层的排列顺序

通过调整"图层"面板中图层的排列顺序可以更改图稿中对象的堆叠顺序，呈现出不一样的画面效果。在 Illustrator 中，选择图层后，通过单击并拖动的方式就能快速调整所选图层的排列顺序。下面就通过调整图层顺序，在画册内页中添加光影效果，具体操作步骤如下。

◎ 素　材：随书资源\实例文件\06\素材\01.jpg～05.jpg
◎ 源文件：随书资源\实例文件\06\源文件\详细操作\调整图层的排列顺序.ai

### 01 选中要调整顺序的子图层

打开"图层"面板，展开"页面 01_ 复制"图层，单击选中需要调整排列顺序的"光影 _ 复制"子图层。

### 02 单击并拖动调整图层顺序

将选中的"光影 _ 复制"子图层向上拖动到"页面元素"子图层上方，当图层上方显示一条蓝色的线条时，释放鼠标。

### 03 查看调整顺序后的效果

将选中的"光影 _ 复制"子图层移到"页面元素"子图层上方后，在画板中查看图稿效果。

### 04 选中需要调整顺序的子图层

展开"页面 01_ 复制 2"图层，单击选中需要调整排列顺序的"页面元素 _ 复制 2"子图层。

**05　单击并拖动调整图层顺序**

❶将选中的"页面元素_复制2"子图层向下拖动到"光影_复制2"子图层下方，当图层下方显示一条蓝色的线条时，释放鼠标，❷将选中的"页面元素_复制2"子图层移动到"光影_复制2"子图层下方。

## 6.1.6　合并与释放图层

　　利用"图层"面板菜单中的"拼合图稿"命令和"合并所选图层"都可以合并图层，区别在于："拼合图稿"命令是将图稿中所有的图层拼合到当前选中的某个图层中；而"合并所选图层"命令则是将选中的几个对象合并到一个图层中。利用面板菜单命令还可以释放图层。

◎　素　材：无
◎　源文件：随书资源\实例文件\06\源文件\详细操作\合并与释放图层.ai

**01　执行"合并所选图层"命令**

打开"图层"面板，❶选中"页面01_复制5"父图层中的"页面元素_复制5""光影_复制5""底图_复制5"3个子图层，❷单击"图层"面板右上角的扩展按钮▤，❸在展开的面板菜单中执行"合并所选图层"命令。

**02　合并所选图层**

执行"合并所选图层"命令后，选中的"页面元素_复制5""光影_复制5""底图_复制5"3个子图层即被合并到最下方的"底图_复制5"子图层中。

**03　执行"拼合图稿"命令拼合图稿**

❶单击"图层"面板右上角的扩展按钮▤，❷在展开的面板菜单中执行"拼合图稿"命令。

**04 执行命令按顺序释放图层**

执行"拼合图稿"命令后，"图层"面板中的所有未锁定的图层被合并到"页面 1_ 复制 5"父图层中。❶单击"图层"面板右上角的扩展按钮▤，❷在展开的面板菜单中执行"释放到图层（顺序）"命令，❸按照顺序释放图层中的对象。

## 6.2 制作创意文化招贴

文化招贴是用于推广文化、艺术、教育及体育等活动的招贴。本实例要为某艺术设计大赛设计招贴，选用年轻时尚的少女图像作为招贴背景，通过在上方绘制图形并调整混合模式，将图像转换为具有更强感官刺激性的黑白图像。再通过黑色、白色与亮眼的红色搭配，延伸出活动的主题信息，充分吸引观者的视线。

效果图

原 图

### 6.2.1 设置混合模式

在 Illustrator 中可以使用混合模式来更改重叠对象之间颜色的相互影响方式。不同的混合模式会使用不同的颜色混合方法。下面应用混合模式将图像转换为黑白效果，具体操作步骤如下。

◎ 素　材：随书资源\实例文件\06\素材\06.jpg
◎ 源文件：随书资源\实例文件\06\源文件\详细操作\设置混合模式.ai

## 01 选择要置入的图像

创建新文档，执行"文件 > 置入"菜单命令，打开"置入"对话框，❶在对话框中单击选择06.jpg文件，❷单击下方的"置入"按钮。

## 02 置入图像

在画板中单击并拖动鼠标，当拖动到与页面同等大小后，释放鼠标，置入选中图像。

## 03 锁定图层

打开"图层"面板，将鼠标指针移到眼睛图标右侧的编辑列按钮上，❶单击鼠标锁定"图层1"图层，❷此时在图层前方显示一个锁形图标。

## 04 创建新图层并绘制矩形

❶单击"图层"面板中的"创建新图层"按钮，❷新建"图层2"图层，❸单击选择工具箱中的"矩形工具"，❹设置填充颜色为R147、G147、B147，使用"矩形工具"在画板中单击并拖动，绘制一个与画板同等大小的矩形。

## 05 设置混合模式

使用"选择工具"选中绘制的矩形，打开"透明度"面板，单击"混合模式"下拉按钮，在展开的下拉列表中单击选择"饱和度"选项，更改图层混合模式，将图像转换为黑白效果。

**技巧提示** **隔离混合图像**

在设置混合模式时，可以将图层与已定位的图层或组进行隔离，以使下方的对象不受影响，操作方法为在"图层"面板中选择图层右侧的定位图标，然后在"透明度"面板中勾选"隔离混合"复选框。

## 6.2.2 | 设置不透明度

对象的不透明度会影响图稿的整体效果。应用"透明度"面板中的"不透明度"选项可以改变单个对象的不透明度或一个组或图层中所有对象的不透明度。通过调整对象不透明度，可以使下层的对象变得可见，具体操作步骤如下。

◎ **素　材：** 无
◎ **源文件：** 随书资源\实例文件\06\源文件\详细操作\设置不透明度.ai

### 01　绘制矩形并降低不透明度

选择"矩形工具"，绘制一个与上一小节步骤04中的矩形有相同大小和颜色的矩形。打开"透明度"面板，在面板中单击"不透明度"下拉按钮，在展开的面板中单击并向左拖动"不透明度"滑块，将不透明度设置为35%。

### 02　绘制矩形并填充渐变颜色

使用"矩形工具"绘制一个与画板等大的白色矩形，单击工具箱中的"渐变"按钮■，应用默认渐变填充矩形。

### 03　设置开始色标颜色

打开"渐变"面板，❶双击渐变条左侧的色标，❷在显示的面板中设置颜色值为 R0、G0、B0，将色标颜色更改为黑色。

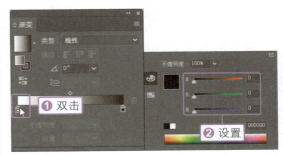

### 04　设置结束色标不透明度

❶双击渐变条右侧的色标，❷在显示的面板中单击"不透明度"下拉按钮，在展开的下拉列表中单击选择 0%，去除色标颜色。

### 05　设置渐变角度

在"渐变"面板中输入"角度"为 90°，更改渐变角度。可看到从画板下方往上填充了从黑色到透明的渐变效果。

## 06　降低图形不透明度

打开"透明度"面板，在"不透明度"选项右侧的数值框中单击，激活数值框，输入 69%，降低渐变矩形的不透明度。

## 07　设置"半调图案"效果

创建"图层 3"图层，使用"矩形工具"绘制一个灰色矩形图形，执行"效果 > 素描 > 半调图案"菜单命令，打开"半调图案"对话框，❶在对话框中输入"大小"为 5，❷"对比度"为 50，其他参数不变，单击"确定"按钮，应用半调图案效果。

## 08　更改混合模式和不透明度

打开"透明度"面板，❶在面板中设置混合模式为"柔光"，❷"不透明度"为 50%，混合图形并更改不透明度。

## 09　创建图层并绘制多边形图形

❶锁定所有图层，❷新建"图层 4"图层，❸单击选择工具箱中的"钢笔工具"，❹在画面中绘制图形，❺打开"渐变"面板，在面板中设置渐变颜色填充图形。

## 10　在"透明度"面板中设置不透明度

打开"透明度"面板，在面板中设置"不透明度"为 80%，降低不透明度效果。

## 11　填充渐变并调整不透明度

❶使用"钢笔工具"再绘制一个图形，❷单击工具箱中的"渐变"按钮，应用上一步设置的渐变颜色填充图形，打开"透明度"面板，❸在面板中设置混合模式为"正片叠底"，❹"不透明度"为 50%。

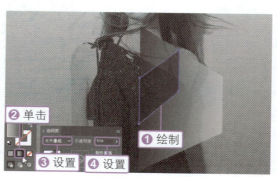

## 12　复制并翻转图形

使用"选择工具"选中上一步绘制的图形，按快捷键【Ctrl+C】，复制图形，❶执行"编辑 > 就地粘贴"菜单命令，粘贴图形，❷展开"属性"面板，单击"变换"选项组中的"垂直轴翻转"按钮，翻转图形。

## 13　绘制三角形图形

❶将翻转后的图形向上拖动到合适的位置，❷单击选择工具箱中的"钢笔工具"，❸在图形下方再次绘制三角形图形，❹在"渐变"面板中设置从 R180、G180、B180 到 R150、G150、B150 的渐变颜色，填充图形。

## 14　更改混合模式并编组图形

❶打开"透明度"面板，在面板中设置混合模式为"正片叠底"，❷选择工具箱中的"选择工具"，按住【Shift】键不放，依次单击选中上方的几个图形，❸右击图形，在弹出的快捷菜单中执行"编组"命令，将选中的图形编组。

## 15　复制并翻转图形组

按快捷键【Ctrl+C】，复制图形组，❶执行"编辑 > 就地粘贴"菜单命令，粘贴图形组，❷展开"属性"面板，单击"变换"选项组中的"水平轴翻转"按钮，翻转图形组。

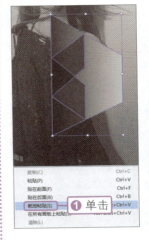

## 16　调整图形组位置

将复制得到的图形组向右拖动到合适的位置，得到对称的两组图形。

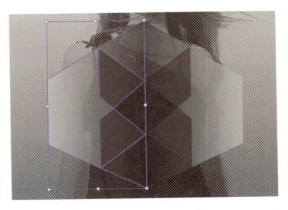

### 17　绘制图形并填充颜色

❶锁定"图层4"图层，❷单击"创建新图层"按钮，新建"图层5"图层，❸单击选择工具箱中的"矩形工具"，❹打开"拾色器"对话框，设置填充颜色为R235、G236、B231，❺使用"矩形工具"绘制两个矩形图形。

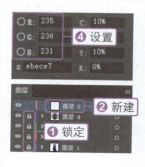

### 18　使用"透明度"面板设置不透明度

选中绘制的矩形图形，打开"透明度"面板，在面板中将"不透明度"设置为60%，降低不透明度效果。

### 19　绘制矩形并更改不透明度

❶单击选择工具箱中的"矩形工具"，在画面左侧再绘制两个矩形，❷打开"拾色器"对话框，将矩形填充颜色设置为R163、G0、B0，❸打开"透明度"面板，在面板中将"不透明度"设置为80%，降低不透明度效果。

### 20　绘制矩形并更改不透明度

用"矩形工具"在画面顶部绘制一个矩形，❶在工具箱中将矩形的填充颜色设置为白色，❷打开"透明度"面板，设置"不透明度"为50%，降低不透明度效果。

### 21　使用"直线段工具"绘制线条

❶锁定"图层5"图层，❷单击"创建新图层"按钮，新建"图层6"图层，❸单击选择"直线段工具"，❹按住【Shift】键单击并拖动，绘制直线段，❺展开"属性"面板，在"外观"选项组中设置"描边"为0.75 pt，描边颜色为白色。

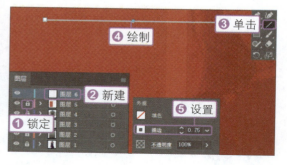

### 22　绘制线条并调整不透明度

使用"直线段工具"绘制出更多直线段，❶选中其中两条直线段，按快捷键【Ctrl+G】，将其编组，❷在"透明度"面板中将"不透明度"设置为50%。

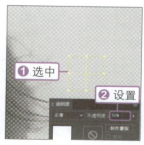

### 23 添加文字并更改不透明度

①锁定"图层 6"图层，②新建"图层 7"图层，使用"文字工具"在画面中输入相应的文字，选中部分文字，③在"透明度"面板中设置混合模式为"颜色加深"，④"不透明度"为 80%。

## 6.3 设计 CD 封套

一个包装结构合理、色彩搭配美观的 CD 封套能让人爱不释手。本实例要为某 CD 设计封套平面图。在制作过程中，使用 Illustrator 中的矢量绘图工具绘制出光盘外包装盒和光盘图形，再通过创建剪切蒙版和不透明蒙版为空白的 CD 添加上漂亮的花纹，通过强烈的色彩反差，使画面更具有视觉冲击力。

### 6.3.1 创建剪切蒙版

剪切蒙版是一个可以用其形状遮盖其他对象的对象。创建剪切蒙版后，只能看到蒙版形状内的区域，从效果上来说，就是将对象裁剪为蒙版的形状。在 Illustrator 中可以执行相应的菜单命令创建剪切蒙版，下面将通过创建剪切蒙版，为 CD 包装盒和盘面添加图案，具体操作步骤如下。

◎ 素　材：随书资源\实例文件\06\素材\07.ai
◎ 源文件：随书资源\实例文件\06\源文件\详细操作\创建剪切蒙版.ai

### 01 绘制背景图形并填充颜色

创建新文件，将"图层 1"图层更名为"背景"图层，使用"矩形工具"在画板中绘制一个矩形，打开"渐变"面板，①在面板中设置"类型"为"径向"，②设置渐变颜色，③执行"对象 > 锁定 > 所选对象"菜单命令，锁定当前正在编辑的矩形图形。

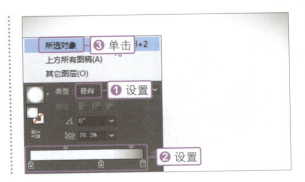

第
6
章

## 02 绘制并对齐图形

❶创建"外包装盒"图层，❷使用"矩形工具"和"椭圆工具"在画面左侧绘制一个矩形和圆形图形，选中这两个图形，打开"控制"面板，❸在面板中单击"垂直居中对齐"按钮🔳，对齐图形。

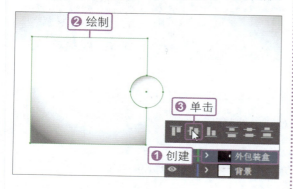

## 03 创建复合图形

打开"路径查找器"面板，单击面板中的"减去顶层"按钮🔳，创建复合图形，减去上层的圆形图形。

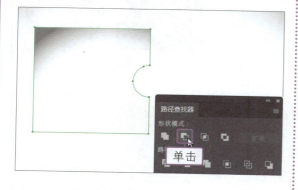

## 04 设置填充颜色

使用"选择工具"选中创建的复合图形，打开"渐变"面板，❶在面板中选择"径向"渐变，❷设置渐变颜色，填充图形。

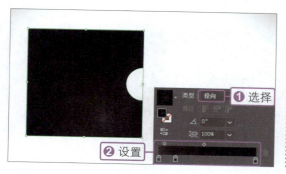

## 05 选择并复制图形

打开 07.ai 素材，使用"选择工具"单击选中素材中的花纹图案，执行"编辑 > 复制"菜单命令，复制选中的图形。

## 06 粘贴图形

切换到创建的新文件中，按快捷键【Ctrl+V】，粘贴图形，然后将粘贴的图形移到画面中的合适位置。

## 07 使用"椭圆工具"绘制圆形

❶创建"CD 盘面"图层，❷单击选择工具箱中的"椭圆工具"，❸按住【Shift】键不放，单击并拖动鼠标，绘制正圆形图形。

## 08 复制图形并更改填充和描边属性

❶复制一个圆形，按住【Shift+Alt】键不放，拖动定界框，以图形中心为基准点，等比例放大图形，❷在工具箱中将填充颜色设置为无，描边颜色设置为R128、G128、B128，❸展开"属性"面板，在"外观"选项组中设置"描边"为1 pt，为圆形图形添加描边效果。

## 09 复制图形并创建复合形状

再次复制一个圆形图形并对其进行缩小，❶单击工具箱中的"默认填充和描边"按钮，对图形应用默认的填充颜色和描边颜色，使用"选择工具"选中黑色和白色圆形，❷单击"路径查找器"面板中的"减去顶层"按钮，创建复合图形，减去中间的白色圆形。

## 10 复制花纹对象

使用"选择工具"选中左侧的花纹对象，按快捷键【Ctrl+C】，复制对象，单击选中"图层"面板中的"CD盘面"图层，按快捷键【Ctrl+V】，粘贴对象，将对象移到盘面左下方合适的位置。

## 11 选择并复制图形

❶单击选择工具箱中的"选择工具"，选中在左侧花纹下方的图形，按快捷键【Ctrl+C】，复制图形，❷执行"编辑>就地粘贴"菜单命令，在相同的位置粘贴图形。

## 12 执行"建立"菜单命令

使用"选择工具"选中复制的图形和下方的花纹，执行"对象>剪切蒙版>建立"菜单命令。

## 13 建立剪切蒙版

创建剪切蒙版，将超出黑色图形的花纹隐藏起来。

## 14 选择并复制图形

使用"选择工具"选中右侧的镂空圆形，按快捷键【Ctrl+C】，复制图形，执行"编辑 > 就地粘贴"菜单命令，在相同的位置粘贴图形。

## 15 建立剪切蒙版

按住【Shift】键不放，单击圆形下方的花纹，使花纹和上方圆形同为选中状态，右击选中的图形，在弹出的快捷菜单中执行"建立剪切蒙版"命令，创建剪切蒙版，隐藏圆形外的花纹。

## 16 绘制图形

使用"椭圆工具"在 CD 盘面中间位置绘制出多个不同大小的圆形，并为其填充上合适的颜色，结合"路径查找器"面板创建复合图形，得到更完整的 CD 盘面效果。

## 6.3.2 编辑剪切蒙版

　　创建剪切蒙版后，可以对剪切蒙版中的内容进行进一步编辑。执行"对象 > 剪切蒙版 > 编辑内容"命令，即可选中剪切蒙版中的内容，再对其进行设置。下面将选取上一小节创建的剪切蒙版中的内容，对其进行编辑，具体操作步骤如下。

◎ 素　材：无
◎ 源文件：随书资源\实例文件\06\源文件\详细操作\编辑剪切蒙版.ai

## 01 执行"编辑内容"命令

❶单击选择工具箱中的"选择工具"，❷单击选中 CD 盘面图形，❸执行"对象 > 剪切蒙版 > 编辑内容"菜单命令。

**技巧提示** 释放剪切蒙版

创建剪切蒙版后，还可以释放剪切蒙版，将图稿恢复到之前的效果。选择包含剪切蒙版的组，执行"对象 > 剪切蒙版 > 释放"菜单命令，或者单击"图层"面板底部的"建立/释放剪切蒙版"按钮，释放剪切蒙版。

## 02 缩放图稿

执行命令后，在画板中可以看到蒙版中所有的图形都被选中，将选中的图形向右拖动，调整图形的位置。

## 03 旋转图形

将鼠标指针移到定界框右上角附近，当指针变为 ↰ 形时，单击并拖动鼠标，旋转选中的图形对象。

## 04 设置"投影"选项

应用"选择工具"选中左侧和右侧的图形，执行"效果 > 风格化 > 投影"菜单命令，打开"投影"对话框，❶在对话框中输入"不透明度"为 32%、"X 位移"为 0 mm、"Y 位移"为 2 mm、"模糊"为 1 mm，❷单击"确定"按钮。

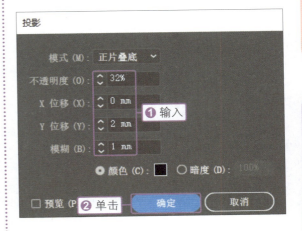

## 05 查看添加的投影效果

软件会根据设置的参数值，为光盘添加上投影效果，呈现更有立体感的画面。

## 6.3.3 | 创建不透明蒙版

　　不透明蒙版使用蒙版对象来改变底层对象的不透明度，它利用蒙版中的黑、白、灰来隐藏对象，蒙版中白色区域的对象将被显示出来，黑色区域的对象将被隐藏起来，而灰色区域的对象则为半透明状态。应用"透明度"面板可以在选中的对象间创建不透明蒙版。下面将通过创建不透明蒙版，为空白的 CD 外包装盒和盘面添加渐隐的图像，具体操作步骤如下。

　◎ **素　材：** 随书资源\实例文件\06\素材\08.ai、09.jpg
　◎ **源文件：** 随书资源\实例文件\06\源文件\详细操作\创建不透明蒙版.ai

## 01　选择并复制图形

打开 08.ai 素材文件，❶展开"外包装盒"图层，❷单击选择工具箱中的"选择工具"，❸单击选中左侧的包装盒图形，按快捷键【Ctrl+C】，复制图形，❹执行"编辑 > 就地粘贴"命令，粘贴图形。

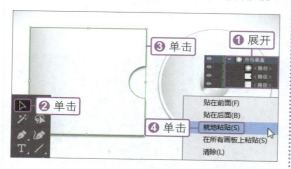

## 02　设置渐变效果

打开"渐变"面板，❶在面板中设置渐变类型为"径向"，❷在下方设置渐变色标颜色和中心点位置，更改渐变填充效果。

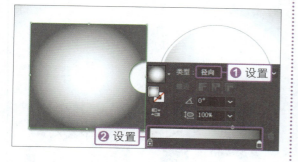

## 03　选择需要置入的图像

执行"文件 > 置入"菜单命令，打开"置入"对话框，❶在对话框中单击选中需要置入的 09.jpg 素材文件，❷单击"置入"按钮。

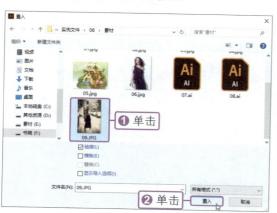

## 04　置入图像

在"图层"面板中选中"外包装盒"图层，然后在画板中单击并拖动，置入选择的人物图像。

## 05　调整对象的堆叠顺序

展开"外包装盒"图层，❶单击选中创建的路径图层，❷将该图层拖动到"链接的文件"上方，❸应用"选择工具"同时选中人物图像和图形。

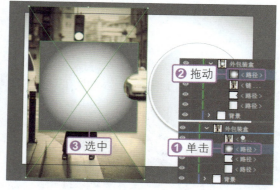

## 06　创建不透明蒙版

打开"透明度"面板，❶单击面板中的"制作蒙版"按钮，❷创建不透明蒙版，拼合图形和下方的人物图像。

第6章

## 07 复制并编辑图形

❶在"图层"面板中单击选中"CD 盘面"图层，使用"选择工具"选择并复制右侧的光盘图形，打开"渐变"面板，❷在面板中设置"类型"为"径向"，❸设置渐变色标颜色和中心点位置，为复制的图形填充径向渐变效果。

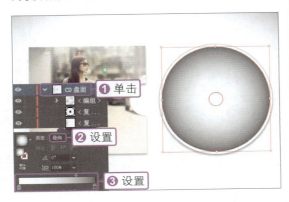

## 08 置入图像并调整堆叠顺序

执行"文件 > 置入"菜单命令，将人物图像再次置入到画板中，❶执行"对象 > 排列 > 后移一层"菜单命令，将人物图像移到图形下方，❷使用"选择工具"同时选中光盘图形和下方的人物图像。

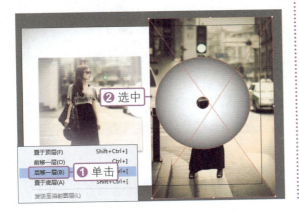

## 09 执行"建立不透明蒙版"命令

打开"透明度"面板，❶单击面板右上角的扩展按钮▤，❷在展开的面板菜单中执行"建立不透明蒙版"命令。

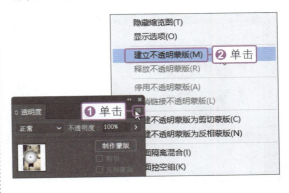

## 10 建立不透明蒙版

创建不透明蒙版，将超出圆形的人物图像隐藏起来。

## 6.3.4 | 编辑不透明蒙版

创建不透明蒙版后，可以取消蒙版与图形、图像之间的链接。取消链接后，用户可以分别对蒙版或图形、图像进行编辑与设置。下面将通过编辑蒙版，调整不透明蒙版中图像的大小和位置，具体操作步骤如下。

◎ 素  材：无
◎ 源文件：随书资源\实例文件\06\源文件\详细操作\编辑不透明蒙版.ai

## 01 双击进入隔离模式

选中画板中已创建不透明蒙版的对象，使用"选择工具"在不透明蒙版对象上双击，进入隔离模式。

## 02 取消链接并放大人物图像

打开"透明度"面板，❶在面板中单击图稿和蒙版之间的"指示不透明蒙版链接到图稿"按钮，取消图稿和蒙版的链接，❷单击图稿缩览图，选中人物图像，❸显示并拖动定界框,放大显示图像。

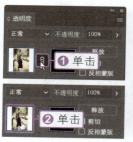

## 03 移动人物图像

❶将放大后的人物图像拖动到合适的位置，❷右击图像，在弹出的快捷菜单中执行"退出隔离模式"命令，退出隔离模式。

## 04 取消图稿和蒙版的链接

❶使用"选择工具"单击选中右侧的光盘对象，按快捷键【Ctrl+[】将其后移一层，❷打开"透明度"面板，单击图稿和蒙版之间的"指示不透明蒙版链接到图稿"按钮，取消图稿和蒙版的链接。

## 05 调整人物图像

❶在"透明度"面板中单击图稿缩览图，选中人物图像，❷应用"选择工具"调整图像大小和位置。

## 06 编辑蒙版

❶在"透明度"面板中单击蒙版缩览图，选中光盘图形，❷在"渐变"面板中设置渐变色标和中心点位置，在画板中查看更改蒙版后的画面效果。

第6章

## 07 查看效果

完成蒙版的编辑后，单击其他任意位置，退出编辑状态，查看设置后的效果。

## 6.3.5 反相蒙版

利用"透明度"面板中的"反相蒙版"功能可以反相蒙版对象的明度值，并且可以反相被蒙版的图稿的不透明度。例如，80% 不透明度的区域在蒙版反相后变为 20% 不透明度的区域。下面详细介绍如何创建反相蒙版效果，具体操作步骤如下。

◎ 素　材：无
◎ 源文件：随书资源\实例文件\06\源文件\详细操作\反相蒙版.ai

### 01 勾选"反相蒙版"复选框

❶单击工具箱中的"选择工具"按钮，❷单击选中已创建的不透明蒙版，❸打开"透明度"面板，在面板中勾选"反相蒙版"复选框。

### 02 查看反相蒙版效果

创建反相蒙版后，在画板中查看应用反相蒙版的图稿效果。

---

**技巧提示**　**显示更多蒙版选项**

单击"透明度"面板右上角的扩展按钮▤，在展开的面板菜单中执行"显示选项"命令，可以在"透明度"面板下方显示更多的蒙版选项。

## 6.4 课后练习

本章通过三个典型的实例讲解了图层和蒙版的使用方法，包括创建图层、复制图层、锁定与解锁图层、设置图层混合模式和不透明度、创建与编辑蒙版等。使用图层和蒙版可以更好地控制画面中的元素，下面就通过习题来进一步巩固所学知识。

# 习题 1——设计商品详情促销海报

商品详情促销海报能让消费者更全面地了解商品的功能、特点等。本习题要为水果店中销售的猕猴桃制作一份商品详情促销海报，设计中采用图形与图像相结合的方式制作出细节展示效果，突出表现猕猴桃个大饱满、皮薄多汁等特点，吸引消费者的关注。

●更改图层名，使用"矩形工具"绘制矩形图形，将猕猴桃素材复制到矩形图形上，创建剪切蒙版；

●创建新图层，绘制标签图形，复制图层组中的所有图形，得到并排的标签图形；

●创建新图层，置入新图像，创建不透明蒙版，制作渐隐的效果；

●使用"椭圆工具"绘制圆形图形，创建剪切蒙版，展示水果细节，最后添加相应的文字内容。

◎ **素　材：** 随书资源\课后练习\06\素材\01.png、02.png、03.jpg～06.jpg
◎ **源文件：** 随书资源\课后练习\06\源文件\设计商品详情促销海报.ai

# 习题 2——制作美容院 DM 宣传单

DM 宣传单可以直接将广告信息传达给目标受众，因此，在设计时应当多考虑受众的喜好。本习题要为某美容院设计 DM 宣传单，由于美容院的受众多为女性，所以在画面中采用粉色与蓝色相搭配，突显出优雅、含蓄的美。

●用"钢笔工具"绘制图形，为图形填充上不同的颜色；

●创建新图层，通过创建复合形状，制作投影效果，将图层组移到下层；

●复制组合的图形和人物图像，添加到DM 宣传单中，创建剪切蒙版，隐藏多余的部分；

●分别创建图层，在图层中绘制图形、输入文字等，完成作品。

◎ **素　材：** 随书资源\课后练习\06\素材\07.ai、08.jpg、09.ai
◎ **源文件：** 随书资源\课后练习\06\源文件\制作美容院DM宣传单.ai

# 第**7**章

# 文字的添加和编辑

　　文字是人类文化的重要组成部分。无论在何种视觉媒体中，文字的排列组合都会直接影响其版面的视觉传达效果。Illustrator 的文字功能非常强大，用户可以在图稿中添加一行文字、创建文本行和列，也可以在形状边缘和内侧添加文字使其沿形状排列，还可以将输入的文字转换为形状，再利用形状编辑工具调整文字形状的外观等。本章将详细介绍添加文字和调整文字外观效果的常用方法。

## 7.1 设计网店"欢迎"模块

在网店广告中经常需要使用文字来突出主题，表现店铺的活动内容等。本实例要为某品牌女装店设计"欢迎"模块广告，通过绘制不同大小的圆形，并使用卡其色和玫红色作为图形的主要颜色，与需要表现的商品相互呼应，起到点题的作用。而在文字的处理上，通过直排文字和横排文字的合理搭配，以及文字大小、颜色的变化，赋予画面更丰富的层次感。

原图

效果图

### 7.1.1 创建点文本

点文本适用于在图稿中输入少量文本的情形，它是指从单击位置开始并随着字符输入而扩展的一行或一列横排或直排文本。每行或每列文本都是独立的，对其进行编辑时，该行或该列将扩展或缩短，但不会换行，当然有时也可以适当地手动换行。应用 Illustrator 中的"文字工具"和"直排文字工具"可以在图稿中创建点文本，下面分别对这两种工具的应用进行介绍。

◎ 素　材：随书资源\实例文件\07\素材\01.jpg
◎ 源文件：随书资源\实例文件\07\源文件\详细操作\创建点文本.ai

#### 1．使用"文字工具"

使用"文字工具"可以在图稿中输入横向排列的文字。使用"文字工具"创建点文本时，可以先在"属性"面板或"字符"面板中调整文字的大小、字体等，也可以在输入完成后再设置。下面将置入素材图像，对其进行裁剪，创建广告背景，再利用"文字工具"输入文字，具体操作步骤如下。

##### 01　置入并调整图像大小

创建新文件，执行"文件 > 置入"菜单命令，将01.jpg 素材图像置入到图稿中，在"属性"面板中的"变换"选项组中设置"高"为 650 px，调整图像的大小。

##### 02　裁剪图像

应用"选择工具"选中置入的图像，❶执行"对象 > 裁剪图像"菜单命令，❷单击弹出对话框中的"确定"按钮，显示裁剪虚线框，将鼠标指针移到边框上，当指针变为↔形时，❸单击并向内拖动，裁剪图像至合适大小。按【Enter】键完成裁剪。

## 03 绘制圆形图形

新建"图层2"图层，❶选择"椭圆工具"，按住【Shift】键不放，在图像上单击并拖动，绘制圆形，❷设置填充颜色为R251、G252、B247，❸复制绘制的圆形，以圆形的中心点为参考点，等比例缩小圆形，❹将描边颜色设置为R183、G183、B183，将圆形轮廓线颜色设置为灰色。

## 04 继续绘制圆形图形

继续使用"椭圆工具"在图像下方绘制一个圆形，❶双击工具箱中的"填色"按钮，打开"拾色器"对话框，❷输入颜色值为R221、G3、B92，将圆形填充为玫红色，复制并缩小圆形，❸在工具箱中将填充颜色设置为R251、G252、B247，描边颜色设置为R221、G3、B92。

## 05 使用"文字工具"输入文字

新建"图层3"图层，❶单击选择工具箱中的"文字工具"，将鼠标指针移到圆形图形中，当指针显示为一个四周围绕着虚线框的文字插入指针↑时，❷单击鼠标确定文本行起始位置，❸输入文字"新"。

## 06 继续输入文字

将鼠标指针移到圆形图形下方另一个位置，当指针变成一个四周围绕着虚线框的文字插入指针↑时，❶单击鼠标确定文本行起始位置，显示光标插入点，❷输入文字"风"。

## 07 使用"文字工具"输入更多文字

继续使用相同的方法，在图稿中的其他位置输入相应的横排文字。

文字的添加和编辑

149

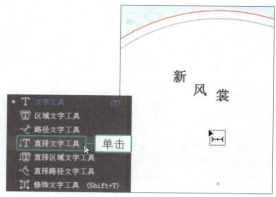

### 2. 使用"直排文字工具"

"直排文字工具"可以在图稿中创建垂直排列的文字。它的使用方法与"文字工具"的使用方法相同，只需要在工具箱中选择"直排文字工具"，然后在画面中单击输入文字即可，具体操作步骤如下。

#### 01 选择"直排文字工具"

按住工具箱中的"文字工具"按钮不放，在展开的工具组中单击选择"直排文字工具"，将鼠标指针移到图稿中，鼠标指针将变成一个四周围绕着虚线框的文字插入指针。

#### 02 单击并输入垂直排列的文字

单击所需的文本列起始位置，显示光标插入点，输入相应的文字。继续应用"直排文字工具"在图稿中输入更多垂直排列的文字。

## 7.1.2 设置文字格式

在图稿中输入文字后，可以使用"字符"面板、"属性"面板中的"字符"选项组设置文字格式，如文字的大小、字体及间距等，还可以调整文字的填充和描边属性等。下面将对这些操作进行介绍。

◎ 素　材：随书资源\实例文件\07\素材\02.ai
◎ 源文件：随书资源\实例文件\07\源文件\详细操作\设置文字格式.ai

### 1. 设置字体和大小

文字的字体和大小将直接影响画面整体效果。在 Illustrator 中，应用"字符"面板或"属性"面板中的"设置字体系列"和"设置字体大小"选项可以轻松更改选中文字的字体和大小，具体操作步骤如下。

#### 01 设置字体系列

❶单击选择工具箱中的"选择工具"，❷单击选中文字"新"，执行"窗口 > 文字 > 字符"菜单命令，打开"字符"面板，❸在面板中单击"设置字体系列"下拉按钮，❹在展开的下拉列表中单击选择"方正宋三简体"字体。

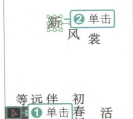

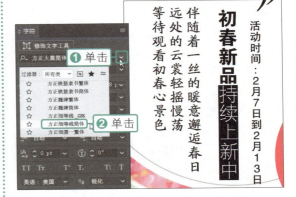

## 02 设置字体大小

❶单击"设置字体大小"下拉按钮，❷在展开的下拉列表中单击选择"72 pt"选项。在图稿中查看应用设置后的文字效果。

## 03 调整更多文字

继续使用"选择工具"选中其他文字对象，结合"属性"面板更改文字的字体。❶单击选择工具箱中的"直排文字工具"，❷在文字"持续上新中"上单击并拖动，选中一部分文字。

## 04 更改所选文字的字体

打开"字符"面板，❶单击"设置字体系列"下拉按钮，❷在展开的下拉列表中单击选择"方正细等线简体"，更改所选文字的字体。

## 05 选择文字并更改字体和大小

❶单击选择工具箱中的"文字工具"，❷在数字"138"上单击并拖动，选中数字，展开"属性"面板，❸在下方的"字符"选项组中单击"设置字体系列"下拉按钮，选择"华文隶书"字体，❹在"设置字体大小"选项右侧的文本框中输入数值 45 pt，更改所选文字的字体和大小。

**技巧提示**　执行菜单命令更改字体和大小

执行"文字 > 字体"或"文字 > 大小"菜单命令，在打开的级联菜单中可以更改字体和大小。

## 2. 调整字距和行距

字距是指两个字符之间的距离，行距则是指各文字行或文字列之间的距离。默认情况下，字距和行距都属于一种字符属性，可以应用"属性"面板或"字符"面板中的"设置所选字符的字距调整"和"设置行距"选项调整文字的字距和行距。具体操作步骤如下。

## 01 设置字距

❶选择工具箱中的"选择工具"，单击选中需要调整字距的文本块"满138包邮"，打开"字符"面板，❷单击"设置所选字符的字距调整"下拉按钮，❸在展开的下拉列表中单击选择"-50"选项，收紧整个文本块中字符的间距。

## 02 选中文本块

查看收紧字距后的字符效果。应用"选择工具"单击选中文本块"活动时间：2月7日到2月13日"。

## 03 更改字距

打开"字符"面板，在"设置所选字符的字距调整"选项右侧的文本框中单击，显示光标插入点，输入值为-40，调整所选文本块中字符的间距。

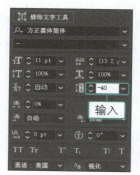 

## 04 设置行距

❶使用"选择工具"单击选中文本块"满218减20满398减50满598减100"，展开"属性"面板，❷单击"字符"选项组中的"设置行距"下拉按钮，❸在展开的下拉列表中单击选择"18 pt"选项，更改所选文本块的行距。

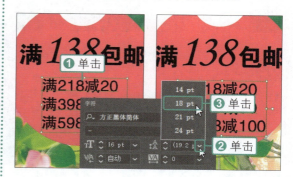

## 3．更改颜色和外观

对于图稿中的文字，可以对其应用填色、描边、透明设置、效果及图形样式等，以改变文字对象的颜色和外观效果，具体操作步骤如下。

## 01 选中文字并双击"填色"按钮

❶单击选择工具箱中的"文字工具"，❷在数字"138"上单击并拖动，选中数字，❸双击工具箱中的"填色"按钮。

## 02 设置填充颜色

打开"拾色器"对话框，❶在对话框中输入颜色值为R130、G64、B0，❷输入后单击"确定"按钮。

### 03 设置描边选项

保持数字文本的选中状态，❶打开"描边"面板，在面板中输入"粗细"值为 1.5 pt，❷单击"圆头端点"按钮。

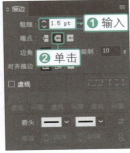

### 04 设置描边颜色

❶在工具箱中双击"描边"按钮，启用描边选项，并打开"拾色器"对话框，❷在对话框中输入与填充颜色相同的描边颜色，❸输入后单击"确定"按钮。

### 05 查看效果

返回绘图窗口，单击画板外的区域，退出文字编辑状态，查看更改后的文字效果。

### 06 选中文字并双击"填色"按钮

❶单击工具箱中的"选择工具"按钮，❷单击选中"满 218 减 20 满 398 减 50 满 598 减 100"文本块，❸双击工具箱中的"填色"按钮。

### 07 设置填充颜色

打开"拾色器"对话框，❶在对话框中输入颜色值为 R242、G235、B194，❷输入后单击"确定"按钮。

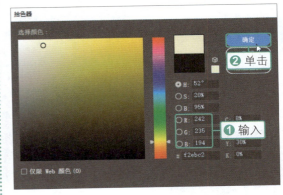

### 08 继续更改颜色

查看更改颜色后的文字效果。继续使用相同的操作方法，更改图稿中其他文字的颜色。

## 4. 给文本添加下画线或删除线

应用"字符"面板中的"下画线"和"删除线"功能可为选择的文字添加下画线和删除线效果，两者的操作方法类似，下面以添加下画线为例讲解具体操作步骤。

### 01 设置行距

选择工具箱中的"选择工具"，❶单击选中"伴随着一丝的暖意邂逅春日 远处的云裳轻摇慢荡 等待观看初春新景"文本块，打开"字符"面板，❷单击"设置行距"下拉按钮，❸在展开的下拉列表中单击选择"18 pt"选项，更改行距。

### 02 添加下画线

单击"字符"面板中的"下画线"按钮，为选中的文字添加下画线效果。

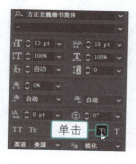

## 5. 更改大小写样式

在图稿中输入文字后，可以执行"文字 > 更改大小写"命令，在打开的级联菜单中选择并更改字符或文字对象的大小写样式。"大写"选项将所有字符全部更改为大写；"小写"选项将所有字符全部更改为小写；"词首大写"选项将每个单词的首字母更改为大写；"句首大写"选项将每个句子的首字母更改为大写。下面将应用"文字工具"在图稿中输入文字，通过转换文字大小写，完成网店海报文字的排版设计，具体操作步骤如下。

### 01 复制图形并更改颜色和角度

打开 02.ai 墨迹素材，❶单击选择工具箱中的"选择工具"，❷单击选中素材图形，将其复制到创建的文件中，双击工具箱中的"填色"按钮，打开"拾色器"对话框，❸输入颜色值为R205、G0、B21，将图形颜色更改为红色，❹在"属性"面板中输入"旋转"值为270°，旋转图形。

### 02 输入并旋转文字

选择工具箱中的"文字工具"，在图形上单击，输入英文 spring，输入后在"属性"面板中输入"旋转"值为90°，旋转文字，将旋转后的文字移到合适的位置。

## 03 将文字转换为大写

执行"文字 > 更改大小写 > 大写"菜单命令，将所有文字更改为大写效果。

## 04 更改文字属性

在"属性"面板中，❶设置字体系列为"方正大标宋简体"，❷字体大小为 17 pt，打开"颜色"面板，❸在面板中设置填充颜色为 R251、G252、B247。

## 05 复制圆形图形

在"图层"面板中单击选中"图层 2"图层，❶使用"选择工具"单击选中玫红色的圆形，按快捷键【Ctrl+C】，复制图层，❷执行"编辑 > 就地粘贴"菜单命令，就地粘贴复制的圆形。

## 06 创建复合路径

选择"矩形工具"，❶在圆形上绘制一个矩形，❷将矩形的填充颜色设置为 R242、G229、B204，应用"选择工具"同时选中复制的圆形和绘制的矩形，打开"属性"面板，❸单击"路径查找器"选项组中的"交集"按钮，创建复合图形，保留两个图形相交的区域。调整图形的堆叠顺序，完成本实例的制作。

## 7.2 设计杂志内页

杂志内页排版需要对文字、表格、图形、图片等元素进行精心的排列和布置，既要使版面美观且符合杂志的风格定位，又要能给读者带来舒适的阅读体验。本实例为某商务杂志和某时尚杂志设计内页。在设计商务杂志内页时，使用简洁的矩形作为基本设计元素，再通过图形的变化来增强设计感，丰富画面内容；在文字版式的处理上，通过运用不同的对齐方式和缩进样式等，使版面在沉稳中又不乏节奏感。在设计时尚杂志内页时，通过编辑文本区域的锚点，调整文本区域的形状，让版面更加活泼。

## 7.2.1 创建段落文本

段落文本利用对象边界来控制文字排列，既可横排，也可直排。当文字触及边界时，会自动换行，以落在对象边界所定义的区域之内。应用"文字工具"和"直排文字工具"都可以创建段落文本，具体操作步骤如下。

◎ **素 材：** 随书资源\实例文件\07\素材\03.psd
◎ **源文件：** 随书资源\实例文件\07\源文件\详细操作\创建段落文本.ai

### 01 置入并剪切图像

创建新文档，将 03.psd 素材文件置入文档中，用"矩形工具"在图像上绘制一个白色矩形，❶用"选择工具"同时选中图像和矩形，右击鼠标，❷在弹出的快捷菜单中执行"建立剪切蒙版"命令，❸创建剪切蒙版，隐藏图像。

### 03 绘制文本框并输入文字

❶单击选择工具箱中的"文字工具"，❷在图稿左下方单击并拖动，绘制两个文本框，❸在文本框中输入段落文本。

### 02 绘制文本框并输入文字

❶单击选择工具箱中的"文字工具"，❷在图稿左上方单击并拖动，绘制一个文本框，在文本框中单击，显示光标插入点，❸输入相应的文字，创建段落文本。

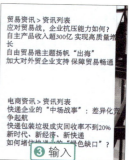

## 7.2.2 | 调整文本区域的大小

在图稿中创建段落文本后，可以根据版面需要，调整文本区域的大小。在 Illustrator 中，常常使用"选择工具"和"直接选择工具"来调整文本区域大小，下面对这两种调整文本区域大小的方法进行介绍。

◎ **素 材：** 随书资源\实例文件\07\素材\04.ai
◎ **源文件：** 随书资源\实例文件\07\源文件\详细操作\使用"选择工具"调整文本区域的大小.ai、
　　　　　　 使用"直接选择工具"调整文本区域的大小.ai

### 1. 使用"选择工具"

在应用"选择工具"调整文本区域时，可以将其限制为矩形、方形等规则的形状。下面将使用"选择工具"调整文本框大小，直至完全显示文本框中的内容，具体操作步骤如下。

#### 01 选择文字并更改属性

❶应用"文字工具"选中"贸易资讯 > 资讯列表"文字，❷在"属性"面板中将字体系列设置为"方正大黑简体"，❸设置字体大小为 36 pt、行距为 48 pt。

#### 02 调整文本框宽度

使用"选择工具"选中文本框，分别将鼠标指针移到文本框两侧框线的控制点上，当鼠标指针变为↔形时，单击并拖动，调整文本框宽度。

#### 03 调整文本框高度

使用"选择工具"选中文本框，将鼠标指针移到文本框下框线的控制点上，当鼠标指针变为↕形时，单击并向下拖动，调整文本框高度，为下一步操作预留足够的空间。

#### 04 更改其他文字的属性

应用"文字工具"选中中间一排文字，❶将其颜色设置为 R123、G212、B182，❷展开"属性"面板，在面板中设置文字属性，选中下方三排文字，❸设置颜色为 R249、G137、B61，❹展开"属性"面板，在面板中设置字符属性。

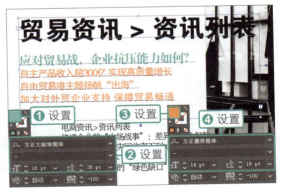

## 05 对齐文本框

继续使用相同的方法，调整另外两个文本框中的文字属性和文本框大小，❶然后选中下方两个文本框，❷单击"对齐"面板中的"水平左对齐"按钮，对齐文本框。

## 06 绘制图形并调整不透明度

❶单击选择工具箱中的"矩形工具"，❷在图稿中绘制多个不同大小的矩形，并为其填充上合适的颜色，❸使用"选择工具"单击选中最上方的橙色矩形，❹打开"透明度"面板，在面板中输入"不透明度"为90%，降低不透明度效果。

## 07 调整图形堆叠顺序

❶使用"选择工具"选中图稿中所有矩形图形，右击鼠标，❷在弹出的快捷菜单中执行"后移一层"菜单命令，再按快捷键【Ctrl+[】多次，将选中的矩形图形移到文字下方。

## 08 创建更多段落文本和修饰图形

继续使用同样的方法，使用"文字工具"绘制文本框，创建更多的段落文本，并在文本下方添加上合适的图形加以修饰。

### 技巧提示　执行菜单命令调整文本区域

如果文本区域为矩形，则可以使用"选择工具"或"图层"面板选择文本区域，然后执行"文字 > 区域文字选项"菜单命令，打开"区域文字选项"对话框，输入"宽度"值和"高度"值，调整文本区域大小。

## 2. 使用"直接选择工具"

除了应用"选择工具"调整文本区域大小外，还可以使用"直接选择工具"拖动文本区域边缘的锚点或转换锚点类型，将文本区域调整为任意形状来限制文字显示范围。下面以时尚杂志的内页为例介绍具体操作步骤。

## 01 选择段落文本

打开04.ai素材文件，❶单击选择工具箱中的"直接选择工具"，将鼠标指针移到需要调整的段落文本上，❷单击鼠标选中段落文本。

## 02 拖动文本框路径锚点

将鼠标指针移至文本框右下角的锚点上，❶单击选中锚点，❷然后向上拖动锚点以调整路径的形状，当拖动到合适的位置后，释放鼠标。

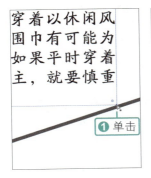

## 03 拖动文本框路径锚点

将鼠标指针移到左下角的锚点上，❶单击选中锚点，❷然后向下方拖动，调整锚点位置以更改文本区域的形状。

## 04 添加锚点

使用"直接选择工具"选中左下方的段落文本，❶在工具箱中单击选择"添加锚点工具"，将鼠标指针移到文本框路径上需要添加锚点的位置，❷在文本框路径上单击添加锚点。

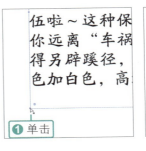

## 05 拖动文本框路径锚点

添加锚点后，❶应用"直接选择工具"单击选中左下角的锚点，❷然后拖动以调整区域形状，更改文字排列效果。

## 06 继续调整文字排列效果

继续运用"添加锚点工具"在右侧的两个段落文本上添加锚点，使用"直接选择工具"选择并拖动锚点，更改文字区域形状，调整文字排列效果。

## 7.2.3 导入文本

在 Illustrator 中，可以将由其他应用程序创建的文本文件导入到图稿中。下面将通过执行"文件 > 置入"菜单命令，将 Microsoft Word 中编辑好的文档导入到商务杂志的内页中，并对导入的文档进行编辑，具体操作步骤如下。

◎ **素 材**：随书资源\实例文件\07\素材\01.doc～04.doc
◎ **源文件**：随书资源\实例文件\07\源文件\详细操作\导入文本.ai

第 7 章

## 01 选择要置入的文本

执行"文件 > 置入"菜单命令，打开"置入"对话框，❶按住【Ctrl】键不放，依次单击选中要置入的文本所在的文档，❷单击"置入"按钮。

## 02 置入文本

弹出"Microsoft Word 选项"对话框，❶在对话框中单击"确定"按钮，❷在图稿中单击并拖动。

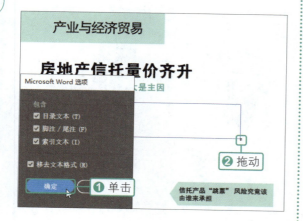

## 03 置入更多的文本

释放鼠标，置入"01.doc"文档。继续在图稿中单击并拖动，绘制文本框置入更多的文本。执行"文字 > 串接文本 > 建立"菜单命令，串接左下方和右上方的两个文本框中的文本。

## 04 调整文字属性

❶使用"选择工具"单击选中文本框，❷展开"属性"面板，在面板中设置文字属性，❸使用"文字工具"选中下面两段文本，❹将字体大小设置为 10 pt，其他属性不变。

## 05 完成更多文字字体、大小的设置

结合"选择工具"、"文字工具"和"属性"面板，调整另外几个置入的文本框中的文字字体、大小等。

## 7.2.4 缩进段落文本

缩进是指文本和文字对象边界间的距离。缩进只影响选中的段落，在处理区域文字时，可以应用"段落"面板为多个段落设置不同的缩进值，具体操作步骤如下。

◎ 素　材：无
◎ 源文件：随书资源\实例文件\07\源文件\详细操作\缩进段落文本.ai

### 01　选择文本并设置首行缩进

❶单击选择工具箱中的"选择工具"，❷单击选中需要缩进的文本区域，❸打开"段落"面板，在"首行左缩进"框中输入数值 25 pt，缩进文本区域中的所有段落。

### 02　选择文本并设置左缩进和右缩进

❶单击选择工具箱中的"文字工具"，❷在第二段和第三段文字上单击并拖动，选中段落文本，打开"段落"面板，❸在"左缩进"框中输入数值 20 pt，在"右缩进"框中输入数值 10 pt，对选中段落应用左缩进和右缩进效果。

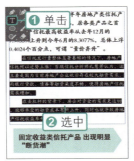

### 03　为更多文字指定相同的缩进效果

结合"选择工具"和"文字工具"选中图稿中其他段落，应用"段落"面板设置相同的左缩进、右缩进和首行左缩进效果。

## 7.2.5 设置段落对齐方式

对于图稿中创建的段落文本，可以根据版面需要，调整段落文本的对齐方式。"段落"面板提供了左对齐、居中对齐、右对齐等 7 种对齐方式，可以通过单击面板中对应的按钮，设置段落文本的对齐方式，具体操作步骤如下。

◎ 素　材：无
◎ 源文件：随书资源\实例文件\07\源文件\详细操作\设置段落对齐方式.ai

## 01 选中段落文本

❶单击选择工具箱中的"选择工具"，❷单击选中需要更改对齐方式的段落文本。

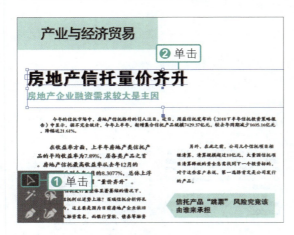

## 02 设置对齐方式

打开"段落"面板，单击面板中的"居中对齐"按钮，将默认"左对齐"的文本更改为居中对齐效果。

## 03 选择并更改文本对齐方式

❶使用"选择工具"单击选中下方的段落文本，❷打开"段落"面板，单击面板中的"右对齐"按钮，将段落文本更改为右对齐效果。

## 04 绘制矩形

❶单击选择工具箱中的"矩形工具"，在缩进后的段落文本左侧绘制一个矩形图形，❷打开"颜色"面板，在面板中输入填充颜色为 R123、G212、B182，填充矩形图形。

## 05 复制矩形并设置标点挤压

复制出多个矩形并分别移到合适的位置，再同时选中多个段落文本，在"段落"面板中设置"标点挤压集"为"行尾挤压半角"，最后在页面左下角和右下角添加页码文字。

# 7.3 | 制作人才招聘广告

招聘广告主要用于公布招聘信息，是企业招聘员工的重要工具之一。本实例要为某企业设计招聘广告，在设计中对标题文字进行了变形处理，使其更加突出和醒目。然后在标题下方添加公司简介、招聘职位等重要内容，帮助求职者掌握更多的信息。

原图

效果图

## 7.3.1 | 将文字转换为轮廓

应用"创建轮廓"命令可以将文字转换为一组复合路径或轮廓，然后就可以像编辑图形一样编辑这组复合路径或轮廓。要注意的是，该命令只能转换一个文本区域中的所有文字，而不能只转换其中的单个字符。要将单个字符转换为轮廓，则需先创建一个只包含该字符的单独文本区域，然后再进行转换。下面将把输入的文字转换为图形，并调整其外观，具体操作步骤如下。

◎ 素　材：随书资源\实例文件\07\素材\05.ai
◎ 源文件：随书资源\实例文件\07\源文件\详细操作\将文字转换为轮廓.ai

### 01 输入文字

打开 05.ai 素材文件，❶创建"标题文字"图层，选择工具箱中的"文字工具"，在图稿中输入文字"招"，打开"字符"面板，❷在面板中设置字体系列为"汉仪菱心体简"，❸输入字体大小为 400 pt，❹在工具箱中将文本颜色设置为白色。

### 02 执行"创建轮廓"命令

❶执行"文字 > 创建轮廓"菜单命令，将文字转换为图形，❷单击工具箱中的"直接选择工具"按钮，显示文字路径和锚点。

### 03 选择路径锚点

将鼠标指针移到路径上方，❶单击选中路径中的锚点，❷向上拖动该锚点，调整其位置。

### 04 添加锚点

继续使用"直接选择工具"选取路径上的其他锚点，通过拖动调整锚点位置变换文字图形，❶单击选择工具箱中的"添加锚点工具"，将鼠标指针移到路径中间位置，❷单击添加锚点。

### 05 转换锚点类型

❶单击选择工具箱中的"锚点工具"，❷将鼠标指针移动到需要转换的锚点上，❸单击并拖动以显示方向线。

### 06 拖动锚点和方向线

❶单击选择工具箱中的"直接选择工具"，❷单击选中转换后的锚点，❸通过拖动锚点和方向线，调整路径形状。

### 07 继续编辑路径

继续结合工具箱中的"添加锚点工具""锚点工具""直接选择工具"在文字图形上添加更多的锚点，并调整锚点位置和方向线，创建变形文字效果。

### 08 输入文字并设置属性

使用"文字工具"在图稿中输入文字"贤"和"纳士"，输入后选中文字"贤"，❶在"字符"面板中设置字体为"汉仪菱心体简"，❷字体大小为 270 pt，选中文字"纳士"，❸设置字体为"汉仪菱心体简"，❹字体大小为 150 pt，将文本颜色设置为白色。

### 09 创建轮廓并编辑路径

❶单击选择工具箱中的"选择工具"，选中文字"贤"和"纳士"，❷执行"文字 > 创建轮廓"菜单命令，将文字转换为图形，结合路径编辑工具调整文字图形的外形。

## 7.3.2 创建路径文字

路径文字是指沿着开放或封闭的路径排列的文字。当输入水平排列的文本时，文本的排列方向会与基线平行；当输入垂直排列的文本时，文本的排列方向会与基线垂直。无论是哪种情况，文本都会沿着路径点添加到路径上的方向来排列。下面分别介绍应用路径文字类工具和区域文字类工具创建路径文字的方法。

◎ 素　材：无
◎ 源文件：随书资源\实例文件\07\源文件\详细操作\创建路径文字.ai

### 1．使用路径文字类工具

路径文字类工具分为"路径文字工具"和"直排路径文字工具"两种，它们分别用于创建水平和垂直排列的路径文字。下面将使用"路径文字工具"在图稿中制作水平排列的路径文字，具体操作步骤如下。

### 01 绘制直线路径

❶新建"路径文字"图层，❷单击选择"钢笔工具"，❸在图稿中绘制一条直线路径。

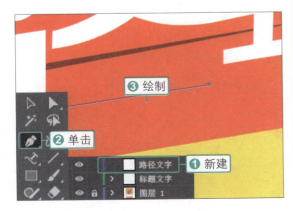

### 02 创建路径文字

❶单击选择工具箱中的"路径文字工具"，❷将鼠标指针移动到绘制的直线路径左侧，鼠标指针变为$_L$形，❸单击并输入文字"非你莫属"，创建路径文字，❹设置字体颜色为白色。

### 03 更改路径文字的字体和大小

❶应用"选择工具"单击选中创建的路径文字，打开"字符"面板，❷在面板中设置字体系列为"方正硬笔行书简体"，❸输入字体大小为50 pt。

## 04 创建倾斜的文字效果

保持路径文字的选中状态，打开"变换"面板，在面板中输入"倾斜"值为8°，创建倾斜的文字效果。

## 05 绘制直线路径

❶单击选择工具箱中的"钢笔工具"，❷在已创建的路径文字下方再绘制一条更长一些的直线路径。

## 06 创建路径文字

❶单击选择工具箱中的"路径文字工具"，将鼠标指针移到绘制的直线路径左侧，当鼠标指针变为丨形时单击，❷输入文字"Welcome to join us"，创建路径文字，❸设置字体颜色为白色。

## 07 设置路径文字的字体和大小

应用"路径文字工具"选中文字，打开"字符"面板，❶设置字体系列为 Armalite Rifle，❷字体大小为 36 pt。

## 08 创建倾斜的文字效果

打开"变换"面板，在面板中输入"倾斜"值为8°，创建倾斜的文字效果。

第7章

创建路径文字后，可以应用"直接选择工具"选中路径上的锚点或线段，调整路径形状，调整后路径上的文字排列会根据形状的变化而变化。

## 2. 使用区域文字类工具

区域文字类工具分为"区域文字工具"和"直排区域文字工具"，使用这两个工具可以在封闭的路径内创建水平和垂直排列的路径文字。下面使用"钢笔工具"绘制标注图形，再用"区域文字工具"在图形中创建路径文字，具体操作步骤如下。

### 01　绘制封闭的路径

❶单击选择工具箱中的"钢笔工具"，❷在图稿中单击并拖动鼠标，绘制标注图形，❸然后在工具箱中设置填充颜色为R0、G159、B232，将图形填充为蓝色。

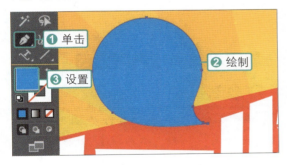

### 02　选择"区域文字工具"

选中绘制的图形，复制并就地粘贴图形，按住工具箱中的"文字工具"按钮不放，在展开的工具组中单击选择"区域文字工具"，将鼠标指针移到图形中，鼠标指针变为⬡形。

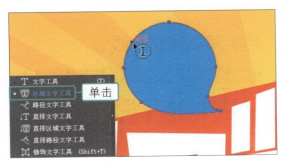

### 03　在路径中输入文字

❶单击并输入文字"招聘：项目经理 业务员"，创建路径文字，❷选中路径文字，❸在工具箱中将文字填充颜色设置为白色。

### 04　调整路径文字字体和大小

❶选中文字"招聘："，❷设置字体为"方正大黑简体"、字体大小为45 pt，❸选中文字"项目经理 业务员"，❹设置字体为"方正黑体简体"、字体大小为36 pt。

### 05　更改路径文字对齐方式

应用"选择工具"选中路径文字对象，打开"段落"面板，在面板中单击"居中对齐"按钮，对齐文本。

## 06 创建更多路径文字

继续使用相同的方法，绘制出另外几个标注图形，并在图形中创建路径文字。

**技巧提示　移动和翻转路径文字**

如果要沿路径移动文字，则将鼠标指针移到路径文字开始位置的竖线上，当指针变为 ▸ 形时，单击并拖动即可进行移动；如果要沿路径翻转文字的方向，则将鼠标指针移到路径文字中间的竖线上，当指针变为 ▸ 形时，单击并拖动使其越过路径即可。

## 7.3.3　设置文本绕排

在 Illustrator 中，可以将区域文本绕排在任何对象的周围，包括文字对象、导入的图像、在 Illustrator 中绘制的对象等。如果绕排对象是嵌入的位图图像，Illustrator 会在不透明或半透明的像素周围绕排文本，而忽略完全透明的像素。下面将在图稿中创建段落文本，通过设置绕排选项，调整文字排列效果，具体操作步骤如下。

◎　**素　材：** 随书资源\实例文件\07\素材\公司简介.doc
◎　**源文件：** 随书资源\实例文件\07\源文件\详细操作\设置文本绕排.ai

## 01 绘制矩形图形

❶使用"文字工具"在图稿中输入公司名称和公司简介标题文字，执行"文件 > 置入"菜单命令，将"公司简介.doc"中的文本导入到图稿下方，并根据需要调整文字字体、颜色等，❷单击选择"矩形工具"，在文字"公司简介"下方绘制矩形，❸将矩形填充颜色设置为 R0、G159、B255。

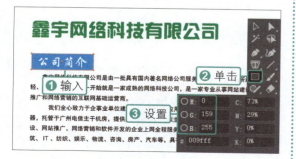

## 02 建立文本绕排效果

应用"选择工具"选中绘制的蓝色矩形，执行"对象 > 文本绕排 > 建立"菜单命令，建立文本绕排效果。

## 03 调整对象堆叠顺序

使用"选择工具"选中区域文字对象，将其拖动到矩形图形上方，执行"对象 > 排列 > 后移一层"菜单命令。

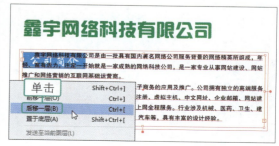

## 04 查看文本绕排效果

此时区域文字对象在图层层次结构中位于蓝色矩形的正下方，在图稿中查看应用文本绕排后的画面效果。

## 05 执行"文本绕排选项"命令

选择工具箱中的"选择工具"，单击选中矩形图形，执行"对象 > 文本绕排 > 文本绕排选项"菜单命令。

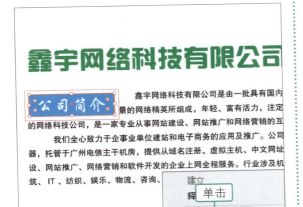

## 06 设置文本绕排位移值

打开"文本绕排选项"对话框，❶在对话框中输入"位移"值为 20 pt，指定文本和绕排对象的间距，❷设置后单击"确定"按钮。

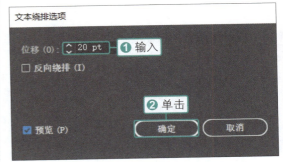

## 07 查看效果

此时在画板中可看到文本和绕排对象的间距被加宽。

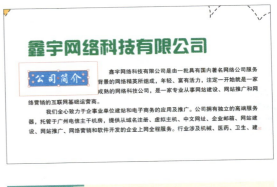

**技巧提示 释放文本绕排效果**

选中创建的绕排对象，执行"对象 > 文本绕排 > 释放"菜单命令，可以释放文本绕排，使文字不再绕排在对象周围。

# 7.3.4 串接文本

在 Illustrator 中编辑长文本时，如果不能在一个文本框中将文本完全显示出来，则会在文本框右下角显示一个红色的加号图标，表示当前文本框中有未显示的溢流文本内容。此时可以绘制新的文本框，进行文本的串接操作，以显示未完全显示出来的文本内容，具体操作步骤如下。

◎ 素　材：随书资源\实例文件\07\素材\职位介绍.doc
◎ 源文件：随书资源\实例文件\07\源文件\详细操作\串接文本.ai

文字的添加和编辑

## 01  单击加号图标

使用"选择工具"选中区域文字对象，单击该对象右下角的加号图标。

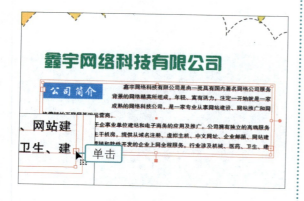

## 02  绘制文本框串接文本

当鼠标指针变成已加载的文本图标时，在画板上的空白部分单击并拖动，当拖动到合适的大小后，释放鼠标，绘制文本框，串接两个文本框中的文本，并在两个文本框之间显示一条连接线。

## 03  置入文字并单击加号图标

执行"文件 > 置入"菜单命令，选择并置入"职位介绍 .doc"，使用"选择工具"选中区域文字对象，单击该对象右下角的加号图标。

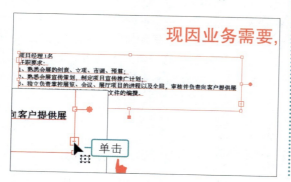

## 04  绘制文本框串接文本

当鼠标指针变成已加载的文本图标时，在画板下方的空白部分单击并拖动，释放鼠标，绘制一个新的文本框，串接两个文本框中的文本，并在两个文本框之间显示一条连接线。

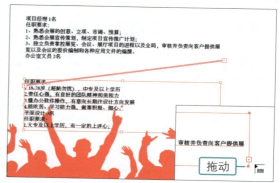

## 05  创建更多串接的文本

继续使用同样的方法，选择并单击文本框右下角的加号图标，完成更多段落文本的串接。

## 06  选择并对齐文本框

使用"选择工具"选中下方两个文本框，在"属性"面板中单击"对齐"选项组中的"垂直顶对齐"按钮，对齐文本框。

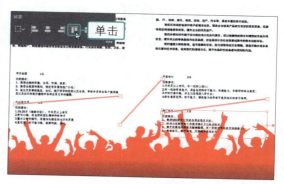

## 07 绘制图形

根据需要调整文本框中的文字字体、大小及颜色，使用"矩形工具"和"圆角矩形工具"在职位名称和人数上方绘制图形，设置图形填充颜色为R226、G35、B37，按快捷键【Ctrl+G】，将图形编组。

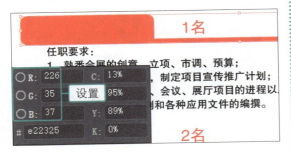

## 08 调整图形堆叠顺序

使用"选择工具"选中绘制的图形，执行多次"对象 > 排列 > 后移一层"菜单命令，或按快捷键【Ctrl+[】多次，将绘制的图形移到文字下方。

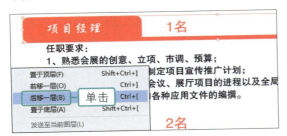

## 09 复制图形

应用"选择工具"选中红色图形，按住【Alt】键不放，单击并拖动，复制出三个相同的图形，再将复制的图形移到不同的职位下方，完成海报的设计。

---

## 7.4 课后练习

　　本章通过三个典型的实例讲解了添加与编辑文字的方法，主要包括输入文字、利用"字符"面板和"段落"面板调整文字和段落属性、创建区域文字和路径文字等。下面通过习题来进一步巩固所学知识。

### 习题 1——制作家居杂志内页

　　家居杂志内页大多用于展示家居装修风格、家居产品等，其配色与版式的设计可以根据要表现的对象进行大胆创意。本习题要为某家居杂志设计内页版式，设计中采用了比较简洁、大方的编排方式，通过调整文字的字体、大小及间距，增强画面元素的层次关系。

● 应用"矩形工具"绘制矩形图形，对页面进行基本布局，将处理后的家居照片添加到页面中，创建剪切蒙版，隐藏多余的区域；

● 导入文本素材，结合"字符"和"段落"面板调整段落文本；

●使用"椭圆工具"绘制圆形，用"路径文字工具"在圆形中创建路径文字。

◎ 素　材：随书资源\课后练习\07\素材\01.psd、02.psd、家居色彩怎么搭配.doc、你的家好
　　　　　　"色"吗？.doc
◎ 源文件：随书资源\课后练习\07\源文件\制作家居杂志内页.ai

## 习题2——制作地产广告

　　地产广告是房地产开发企业、房地产权利人、房地产中介机构发布的房地产项目预售、预租、出售、出租等信息的广告。本习题要为某温泉度假小镇设计地产广告，广告中利用丰富的文字内容说明项目的特点、具体位置、联系方式，便于有意向的受众更好地了解项目。

●创建文件，将建筑等素材图像添加到画面中；

●使用"文字工具"在图稿中输入项目信息，结合"字符"面板和"段落"面板调整文字和段落属性；

●选择标题文字，将文字转换为路径，结合路径编辑工具创建变形文字效果；

●使用"钢笔工具"在图稿中绘制出线条图案，丰富画面效果。

◎ 素　材：随书资源\课后练习\07\素材\03.ai～05.ai
◎ 源文件：随书资源\课后练习\07\源文件\制作地产广告.ai

# 第**8**章

# 符号和图表的应用

符号和图表是 Illustrator 中两个比较特殊的功能。符号是文档中可以重复使用的图案，利用 Illustrator 中的"符号"面板和符号库可以向图稿中添加生动形象的符号，并且可以通过断开符号链接，对符号进行重新定义，得到更加丰富的图案。图表是以可视化的方式呈现的数据的统计信息，应用 Illustrator 中的图表工具可以创建不同类型的图表，如柱形图、饼图、折线图、面积图等。本章将讲解符号、图表的添加与应用方法。

# 8.1 制作寿司店菜单

菜单是列有餐馆中销售的各种菜品的名称、价格、照片等信息的清单，供顾客点菜时使用。本实例要为某寿司店设计菜单。在设计中使用矢量寿司图形对各种口味的寿司进行表现，为减少绘制的工作量，直接将 Illustrator 预设符号库中的寿司符号拖动到图稿中，再适当调整符号的大小和位置，形成活泼的版面效果。接着在各寿司符号旁输入文字，说明寿司的原料、特点等，方便顾客根据个人口味进行选择。

原　图

效果图

## 8.1.1 应用符号

Illustrator 中的"符号"面板和符号库提供了许多生动形象的符号，合理应用这些符号，不但能保持画面的一致性，而且能使绘图更加灵活和方便。下面就对符号的应用方法进行介绍。

◎ 素　材：随书资源\实例文件\08\素材\01.ai
◎ 源文件：随书资源\实例文件\08\源文件\详细操作\应用符号.ai

### 1. 使用"符号"面板

"符号"面板中会显示一些默认的符号，以及当前图稿中已应用的符号。用户可以运用"符号"面板快速在图稿中添加符号，具体操作步骤如下。

#### 01 打开"符号"面板和符号库

打开 01.ai 素材文件，创建新图层，执行"窗口>符号"菜单命令，打开"符号"面板，❶单击右上角的扩展按钮，❷在展开的面板菜单中执行"打开符号库>照亮丝带"命令。

#### 02 将符号库中的符号添加到"符号"面板

打开"照亮丝带"面板，在面板中单击要添加到"符号"面板的"丝带6"符号。

#### 03 将符号置入图稿

所单击的符号即被添加到"符号"面板中，❶单击"符号"面板中的"置入符号实例"按钮，❷在图稿中置入符号，再将其调整至合适的大小。

## 2. 使用符号库

除了通过"符号"面板置入符号，也可以直接打开符号库，然后选中符号库中的符号，将其拖入画板中，实现符号的置入操作。下面将打开"寿司"符号库，将所需的菜品符号置入画板，并添加相应的标注提示，具体操作步骤如下。

### 01 选择并置入符号

❶执行"窗口 > 符号库 > 寿司"菜单命令，打开"寿司"面板，❷在面板中单击选中"tobiko"寿司符号，❸将其拖动到画板左侧相应位置，释放鼠标，置入符号。

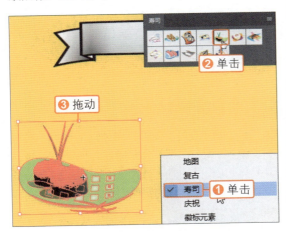

### 02 置入更多寿司符号

继续使用相同的方法，选中"寿司"面板中的其他符号，将其拖动到画板中，完成菜单中菜品图形的添加。

### 03 拖动置入箭头符号

❶执行"窗口 > 符号库 > 箭头"菜单命令，打开"箭头"面板，❷在面板中单击选中"箭头10"符号，❸将其拖动到画板右上角，释放鼠标，置入箭头符号。

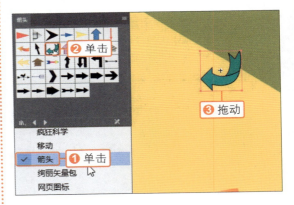

### 04 拖动置入3D符号

❶执行"窗口 > 符号库 >3D 符号"菜单命令，打开"3D 符号"面板，❷在面板中单击选中"思考气球"符号，❸将其拖动到寿司符号上方合适的位置，释放鼠标，置入 3D 符号。

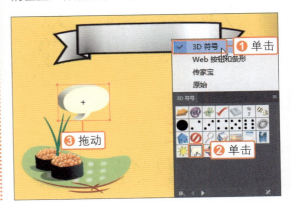

## 8.1.2 断开符号链接

在图稿中添加符号后，可以通过断开符号链接，将所选的符号转换为图形，以便做进一步的编辑。要断开符号链接，可以通过执行快捷菜单中的"断开符号链接"命令实现，也可以通过单击"符号"面板中的"断开符号链接"按钮实现，下面分别介绍这两种方法。

◎ 素　材：无
◎ 源文件：随书资源\实例文件\08\源文件\详细操作\断开符号链接.ai

### 1. 执行菜单命令断开链接

右击添加到图稿中的符号，在弹出的快捷菜单中执行"断开符号链接"命令，即可断开符号链接。下面通过断开符号链接，为丝带图形添加不同的颜色，具体操作步骤如下。

**01 执行"断开符号链接"命令**

❶使用"选择工具"单击选中置入的丝带符号，右击鼠标，❷在弹出的快捷菜单中执行"断开符号链接"命令，断开符号链接。

**02 执行"取消编组"命令**

❶单击选择工具箱中的"选择工具"，选中丝带符号，按快捷键【Shift+Ctrl+G】，取消编组，按住【Shift】键不放，❷连续单击选中丝带图形边缘的黑色图形。

**03 更改图形填充颜色**

按【Delete】键，删除选中的图形，使用"选择工具"选中丝带图形，❶打开"颜色"面板，设置填充颜色为 R108、G180、B177，❷在"透明度"面板中将"不透明度"恢复为 100%。

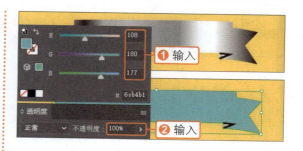

**04 调整堆叠顺序并更改外形**

❶执行"对象>排列>后移一层"菜单命令两次，调整对象堆叠顺序，❷使用"直接选择工具"选中其他丝带图形，并使用路径编辑工具调整图形的形状。

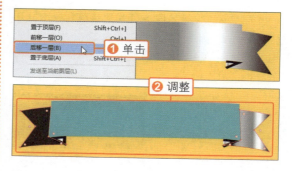

**05 设置图形填充颜色**

❶应用"选择工具"同时选中两侧的图形，❷打开"颜色"面板，设置填充颜色为 R89、G144、B141。使用相同的方法对其他丝带图形进行编辑，在窗口中查看设置后的图形效果。

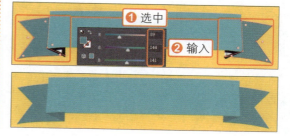

第8章

## 2. 在"符号"面板中断开链接

在图稿中置入符号后，会将该符号添加到"符号"面板，可以通过单击该面板中的"断开符号链接"按钮，断开选中符号的链接，具体操作步骤如下。

### 01 断开箭头符号的链接

❶使用"选择工具"单击选中右上角的箭头符号，❷打开"符号"面板，单击面板底部的"断开符号链接"按钮，断开符号链接。

### 02 设置图形填充颜色和描边效果

❶双击工具箱中的"填色"按钮，打开"拾色器"对话框，❷在对话框中输入颜色值为R255、G252、B209，更改填充颜色，❸单击"描边"按钮，启用描边选项，❹单击下方的"无"按钮，去除描边效果。

### 03 继续断开符号链接

❶使用"选择工具"单击选中"思考气球"符号，❷打开"符号"面板，单击面板底部的"断开符号链接"按钮，断开符号链接。

### 04 取消符号编组

在断开链接后的符号上右击鼠标，在弹出的快捷菜单中执行"取消编组"命令，取消符号编组，在画面中查看取消编组后的效果。

### 05 复制并翻转符号

使用"选择工具"选中图形，显示定界框，将鼠标指针移到定界框右下角的控制点上，当鼠标指针变为↘形时，❶单击并向下拖动，缩放图形，复制缩放后的图形，❷单击"属性"面板中的"水平轴翻转"按钮，翻转复制的图形，再将其移至合适的位置。

## 06　选择符号并断开链接

❶单击工具箱中的"选择工具"，按住【Shift】键不放，依次单击选中图稿中置入的寿司符号，❷打开"符号"面板，单击面板底部的"断开符号链接"按钮，断开选中符号的链接。

## 07　添加图形和文字

使用"文字工具"输入相应的文字介绍，结合"字符"面板，调整文字的字体、大小等，绘制更多图形加以修饰，完成菜单的制作。

# 8.1.3　创建符号

　　通过创建符号，可以将在 Illustrator 中绘制的任何图形以符号的形式存储在"符号"面板中，以便重复使用。下面将编辑过的图形创建为新的符号，具体操作步骤如下。

◎　素　材：无
◎　源文件：无

## 01　选择要创建为符号的对象

❶使用"选择工具"选中页面上方的丝带图形和文字对象，❷打开"符号"面板，单击面板底部的"新建符号"按钮，打开"符号选项"对话框。

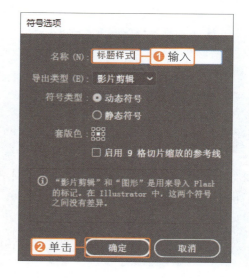

## 02　设置符号选项

在打开的"符号选项"对话框中，❶在"名称"文本框中输入符号名为"标题样式"，❷输入后单击"确定"按钮。

## 03　查看新建的符号

打开"符号"面板，在面板中可以看到新建的"标题样式"符号。

**05** 设置选项并新建符号

打开"符号选项"对话框，❶输入新符号的名称"图注"，❷输入后单击"确定"按钮，关闭"符号选项"对话框，打开"符号"面板，在面板中将会显示新建的符号。

**04** 执行"新建符号"命令

❶使用"选择工具"单击选中另外一个图形，❷单击"符号"面板右上角的扩展按钮，❸在展开的面板菜单中执行"新建符号"命令。

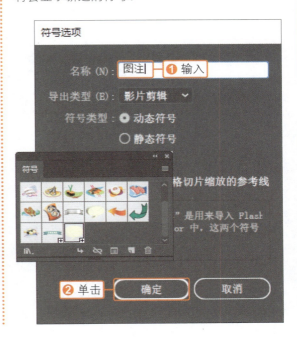

## 8.2 制作简洁大方的网站主页

　　网站主页即网站的首页，在设计时要遵循功能性与艺术性并重的原则，根据网站希望传递的信息及浏览者的访问目的，进行功能模块的策划和版面的布局美化。本实例要为某家具定制企业的网站设计主页。在设计中运用具象化的椅子、桌子等符号，与企业的服务内容相呼应；在页面顶部应用导航按钮符号，供浏览者在网站的不同栏目之间方便地跳转；在页面右侧应用单选按钮等符号，供浏览者提交自己的家具定制需求，体现网页的互动性。

## 8.2.1 | 调整应用的符号

在图稿中可以使用"符号喷枪工具"快速置入多个相同符号，之后可以应用"符号移位器工具""符号紧缩器工具""符号缩放器工具""符号旋转器工具""符号着色器工具""符号滤色器工具""符号样式器工具"等符号编辑工具进一步调整置入的符号，制作出更丰富的画面效果。下面具体介绍这些符号工具的应用。

◎ **素　材：** 随书资源\实例文件\08\素材\02.ai
◎ **源文件：** 随书资源\实例文件\08\源文件\详细操作\调整应用的符号.ai

### 1. 使用"符号喷枪工具"

"符号喷枪工具"可以快速地将所选符号置入到画板中。使用"符号喷枪工具"在画板中连续单击时，则可以将置入的符号创建为一个符号组。下面先打开素材，应用"符号喷枪工具"在画板中置入相关的多个符号，具体操作步骤如下。

### 01 选择要置入的符号

打开 02.ai 素材文件，创建"图层 2"图层，❶单击工具箱中的"符号喷枪工具"按钮，执行"窗口>符号库>地图"菜单命令，打开"地图"面板，❷在面板中单击选中"郡政府所在地"符号。

### 02 使用"符号喷枪工具"置入符号

将鼠标指针移到需要添加符号的位置单击，即可在鼠标单击处置入所选的符号。

### 03 继续置入相同符号

继续在其他位置单击，置入更多相同的符号，并且这些置入的符号以组的形式出现。

### 04 选择要置入的符号

❶单击工具箱中的"符号喷枪工具"按钮，执行"窗口>符号库>提基"菜单命令，打开"提基"面板，❷在面板中单击选中"复古椅"符号。

### 05 置入符号并创建符号组

将鼠标指针移到需要添加符号的多个位置单击，即可在鼠标单击处置入所选的椅子符号，并形成符号组。

第8章

## 06 置入单个符号

选择工具箱中的"选择工具",单击留白区域,取消符号的选中状态,选择工具箱中的"符号喷枪工具",打开"提基"面板,❶单击选中"桌子"符号,在椅子符号右下方单击,❷置入桌子形状的符号。

## 07 置入符号并创建符号组

使用"选择工具"单击画板外任意区域,执行"窗口 > 符号库 >Web 按钮和条形"菜单命令,打开"Web 按钮和条形"面板,❶在面板中单击选中"按钮 4- 灰色"符号,选择"符号喷枪工具",❷在画板顶部连续单击,置入选择的符号,得到相应的符号组。

## 08 置入更多符号

继续使用相同的方法,应用"符号喷枪工具"在画面中置入更多的符号和符号组。

## 2. 使用"符号移位器工具"

"符号移位器工具"主要用于将置入的符号通过拖动的方式进行移动和调整。下面介绍如何应用"符号移位器"调整符号的位置,具体操作步骤如下。

## 01 选择并拖动符号

❶使用"选择工具"单击选中置入的椅子符号组,按住工具箱中的"符号喷枪工具"按钮不放,❷在展开的工具组中单击选择"符号移位器工具",❸使用"符号移位器工具"在组中的一个符号上方单击并拖动。

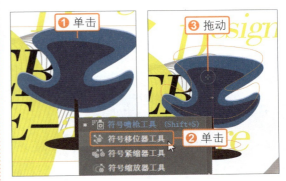

## 02 调整符号位置

释放鼠标,移动符号位置,继续拖动符号至满意的位置。

### 03  拖动调整符号位置

使用"选择工具"单击选中导航栏按钮符号组，在工具箱中选择"符号移位器工具"，将鼠标指针移到中间一个按钮符号上，单击并向上拖动，调整符号位置。

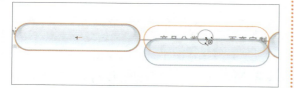

### 04  继续调整符号位置

继续使用"符号移位器工具"对其他符号的位置进行调整。

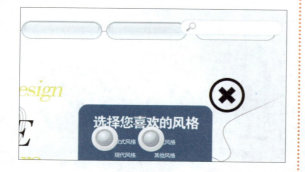

## 3.  使用"符号紧缩器工具"

　　"符号紧缩器工具"可以将选中的符号移到离其他符号更近或更远的地方。下面将选取一组单选按钮符号，应用"符号紧缩器工具"调整组中符号的间距，具体操作步骤如下。

### 01  调整符号堆叠顺序

选中单选按钮符号组，连按多次快捷键【Ctrl+]】，将该符号组移至最上层。

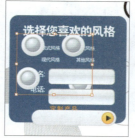
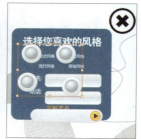

### 02  应用"符号紧缩器工具"收缩符号

按住工具箱中的"符号喷枪工具"按钮不放，❶在展开的工具组中选择"符号紧缩器工具"，将鼠标指针移到符号上方，❷单击并拖动鼠标，符号组中的符号会根据画笔中心点方向收缩。

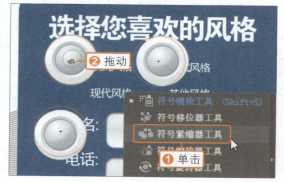

### 03  继续收缩符号

继续使用"符号紧缩器工具"在另外几个符号上方单击并拖动，进一步收缩符号，使其更加紧密地聚集在一起。

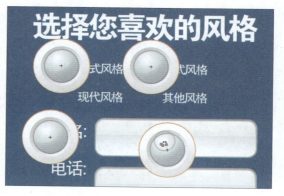

## 4. 使用"符号缩放器工具"

　　"符号缩放器工具"可以对置入到图稿中的符号大小进行自由缩放。使用"符号缩放器工具"单击符号，符号就会放大；按住【Alt】键的同时单击符号，符号则会缩小。下面将运用"符号缩放器工具"缩放符号，使其与画面更加协调，具体操作步骤如下。

**01　选择要调整的符号**

❶单击选择工具箱中的"选择工具"，❷在需要缩放的符号上单击，选中需要缩放的符号对象。

**02　放大符号**

按住工具箱中的"符号喷枪工具"按钮不放，❶在展开的工具组中单击选择"符号缩放器工具"，❷使用"符号缩放器工具"在选中的符号组下方的椅子符号上单击，放大符号。

**03　缩小符号**

将鼠标指针移到符号组上方的椅子符号上，按住【Alt】键不放，连续单击缩小该椅子符号。

**04　继续调整符号大小**

使用"选择工具"选中其他符号，继续使用"符号缩放器工具"将这些符号缩放至合适的大小。

## 5. 使用"符号旋转器工具"

　　使用"符号旋转器工具"可以通过拖动的方式来改变符号的方向，如果需要大角度地改变符号方向，则需多次对符号进行拖动。下面将使用"符号旋转器工具"旋转图稿中的椅子和桌子符号，具体操作步骤如下。

**01　选中符号**

❶使用"选择工具"单击选中要更改方向的椅子符号，按住"符号缩放器工具"按钮不放，❷在展开的工具组中单击选择"符号旋转器工具"。

符号和图表的应用

## 02　拖动旋转椅子符号

在选中的椅子符号上单击并拖动，当拖动到一定角度时，释放鼠标，完成符号的旋转，更改符号的方向。

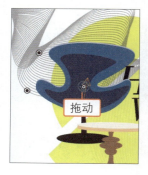

## 03　拖动旋转桌子符号

使用"选择工具"选中下方的桌子符号，❶单击选择工具箱中的"符号旋转器工具"，❷在选中的桌子符号上单击并拖动，当拖动到一定角度时，释放鼠标，更改符号的方向。

## 6．使用"符号着色器工具"

"符号着色器工具"可以更改所选符号的颜色，使符号呈现更加丰富多彩的效果。使用"符号着色器工具"更改符号颜色时，需要先在"拾色器"对话框或"颜色"面板中选择好颜色，再应用该工具调整符号的颜色，具体操作步骤如下。

## 01　设置要应用的颜色

❶双击工具箱中的"填色"按钮，打开"拾色器"对话框，❷在对话框中输入颜色值为R153、G153、B153，❸单击"确定"按钮。

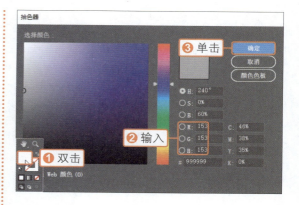

## 02　应用颜色

❶使用"选择工具"单击选中需要更改颜色的桌子符号，❷单击"符号着色器工具"按钮，❸在选中的符号上方单击，更改符号颜色。

## 03　设置要应用的颜色

取消桌子符号的选中状态，打开"颜色"面板，❶在面板中单击右上角的扩展按钮，❷在展开的面板菜单中单击"RGB"选项，❸输入RGB颜色值为R46、G184、B236。

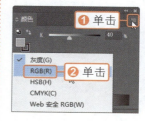

## 04　更改按钮颜色

使用"选择工具"选中导航栏中的按钮符号组，❶单击选择工具箱中的"符号着色器工具"，❷在符号组中的第一个按钮上单击，更改该符号颜色。

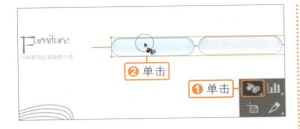

## 05 继续更改符号颜色

使用"选择工具"选中下方的单选按钮符号组，❶单击选择工具箱中的"符号着色器工具"，❷在其中一个符号上单击，更改符号颜色。

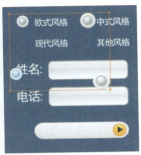

## 7. 使用"符号滤色器工具"

　　"符号滤色器工具"可以快速更改选中符号的不透明度，使符号呈现出不同的透明效果。下面将应用"符号滤色器工具"降低部分符号的不透明度，使画面更有层次感，具体操作步骤如下。

## 01 单击更改符号的不透明度

❶使用"选择工具"单击选中需要更改不透明度的"购物车"符号，❷在工具箱中单击"符号滤色器工具"按钮，将鼠标指针移到符号上，❸连续单击鼠标，降低该符号的不透明度。

## 02 继续更改符号的不透明度

使用"符号滤色器工具"在"电子邮件"和"添加收藏"两个符号上连续单击，更改其不透明度。使用"选择工具"选中删除符号。

## 03 继续单击更改符号的不透明度

选择"符号滤色器工具"，在选中的符号上方单击，降低不透明度，继续单击，再次降低不透明度。

## 8. 使用"符号样式器工具"

　　使用"符号样式器工具"可以对符号应用变化丰富的样式，使符号呈现出更缤纷绚烂的视觉效果。下面将结合样式库和"符号样式器工具"为图稿中的按钮添加投影样式，具体操作步骤如下。

## 01 执行"按钮和翻转效果"命令

执行"窗口>图形样式"菜单命令，打开"图形样式"面板，❶单击面板右上角的扩展按钮，❷在展开的面板菜单中执行"打开图形样式库>按钮和翻转效果"命令。

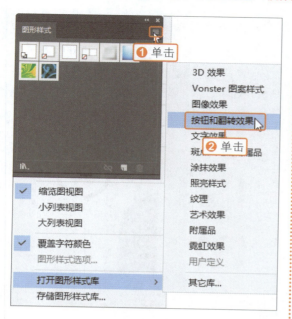

## 04 单击应用符号样式

在选中的符号上单击，应用所选的样式。再选中下方的按钮符号，使用"符号样式器工具"单击该符号，为两个按钮符号应用相同的样式。

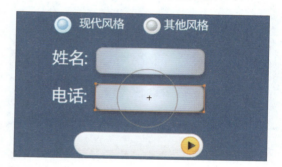

第8章

## 02 将样式添加到"图形样式"面板

打开"按钮和翻转效果"面板，❶在面板中单击选中"气泡溶剂 - 按下鼠标"样式，❷将该按钮样式添加到"图形样式"面板。

## 05 调整符号位置

使用"选择工具"单击选中上方的一个符号组，单击选择工具箱中的"符号移位器工具"，在选中的符号组中单击并拖动，调整符号组中符号的位置。

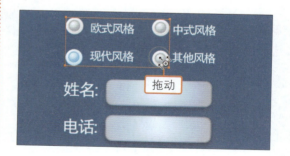

## 03 选择符号样式

❶使用"选择工具"单击选中一个按钮符号，❷单击工具箱中的"符号样式器工具"按钮，❸单击"图形样式"面板中的"气泡溶剂 - 按下鼠标"样式。

## 8.2.2 编辑符号

　　使用"编辑符号"命令可以在隔离模式下打开符号，此时符号被转换为路径，用户可以对路径进行编辑。退出符号编辑模式后，该符号会自动以新的外观保存在"符号"面板中，同时在画板中已创建的该符号的所有实例也会同步更改为新的外观。下面将通过编辑"删除"等符号，改变符号实例的外观，具体操作步骤如下。

◎ 素　材：无
◎ 源文件：随书资源\实例文件\08\源文件\详细操作\编辑符号.ai

## 01 执行"编辑符号"命令

❶使用"选择工具"单击选中"删除"符号，打开"符号"面板，❷单击面板右上角的扩展按钮，❸在展开的面板菜单中执行"编辑符号"命令。

## 02 释放复合路径

此时在隔离模式下打开符号。右击符号，在弹出的快捷菜单中执行"释放复合路径"菜单命令，释放复合路径。使用"选择工具"选中大一些的圆形图形，按【Delete】键，删除图形。

## 03 互换填充颜色和描边颜色

❶使用"选择工具"单击选中保留下的圆形图形，❷单击工具箱中的"互换填色和描边"按钮，互换填充颜色和描边颜色。

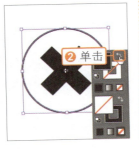

## 04 更改图形描边样式

打开"描边"面板，❶在面板中输入"粗细"值为 1.4 pt，❷单击"圆头端点"按钮，更改端点样式，❸勾选"虚线"复选框，❹在下方输入"虚线"和"间隙"值为 3 pt，查看对圆形图形应用的描边效果。

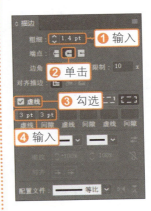
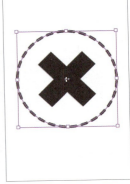

## 05 退出编辑模式并查看效果

右击图形，在弹出的快捷菜单中执行"退出符号编辑模式"命令，或者单击画板左上角的◁按钮，退出符号编辑模式，在画板中查看更改后的符号实例。

## 06 执行"编辑符号"命令

❶使用"选择工具"单击选中图稿中的符号，打开"符号"面板，❷单击面板右上角的扩展按钮，❸在展开的面板菜单中执行"编辑符号"命令。

符号和图表的应用

187

### 09 调整符号大小

将圆角矩形转换为直角矩形，在"属性"面板中输入"宽"为 40.3 mm、"高"为 6.7 mm，更改矩形的大小。

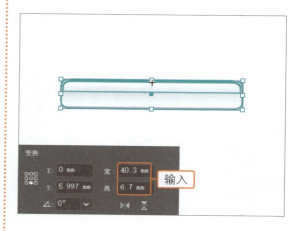

### 07 选中组成符号的图形

使用"选择工具"在圆角矩形上方单击并拖动，框选两个圆角矩形图形。

### 10 调整文字位置

单击画板左上角的◁按钮，退出符号编辑模式。使用"选择工具"选中符号左侧的文字，适当调整其位置。

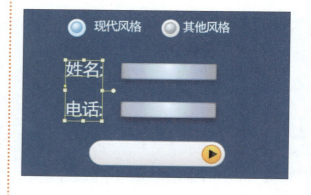

### 08 设置选项并转换图形

执行"效果 > 转换为形状 > 矩形"菜单命令，打开"形状选项"对话框，❶在对话框中将"额外宽度"和"额外高度"设置为 0 mm，❷单击"确定"按钮。

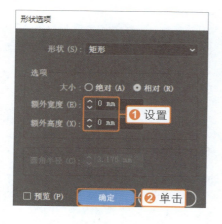

## 8.2.3 取消符号编组

使用"符号喷枪工具"连续单击置入的符号将自动组成一个符号组，如果需要对其中一个符号进行编辑，需先通过"符号"面板断开链接，再进行解组操作，具体操作步骤如下。

◎ **素　材:** 无
◎ **源文件:** 随书资源\实例文件\08\源文件\详细操作\取消符号编组.ai

第 8 章

## 01 选中符号组

❶使用"选择工具"单击选中画面中的地图符号，在"图层"面板中显示选中的符号组，打开"符号"面板，❷单击面板底部的"断开符号链接"按钮。

## 02 取消符号编组

断开符号链接，在"图层"面板中可看到符号组变为编组图形，右击图形，在弹出的快捷菜单中执行"取消编组"命令，取消图形编组状态。

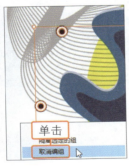

## 03 为解组的符号设置颜色

使用"选择工具"选中下方的圆形图形，打开"拾色器"对话框，❶设置填充颜色为 R255、G239、B0，❷单击"确定"按钮，❸单击"描边"按钮，启用描边选项，❹单击下方的"无"按钮，去除黑色的描边。

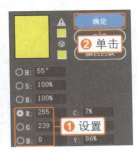

## 04 完成更多符号的设计

使用相同的方法，将页面中的其他符号组解组，然后对解组后的图形进行编辑，并适当调整图形堆叠顺序，得到更加工整的网页版面效果。

---

## 8.3 设计金融类应用程序界面

　　本实例要为某金融类应用程序设计界面。为了更直观地展示股票信息，在设计过程中使用了图表这种最为直接、鲜明的方式，通过应用不同类型的图表详细且直观地展示股票价格、涨跌情况、成交比例等。

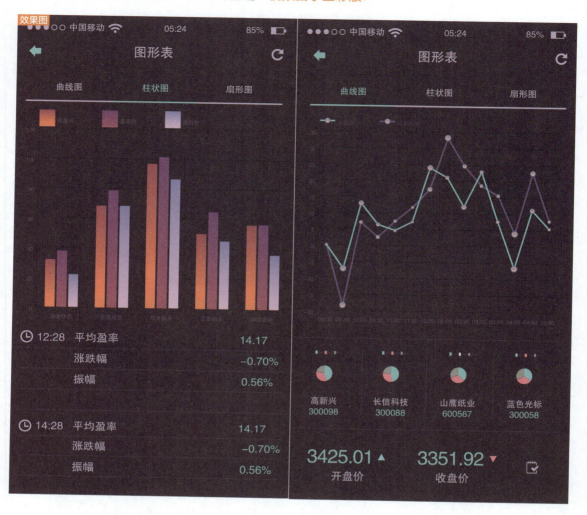

## 8.3.1 | 创建图表

使用图表工具可以绘制图表，以直观地呈现数据的统计结果，方便用户进行数据对比和分析。Illustrator 的图表工具组提供了"柱形图工具""堆积柱形图工具""折线图工具"等 9 种图表工具，下面就对其中几种比较常用的图表工具加以介绍。

◎ **素　材：** 随书资源\实例文件\08\素材\03.ai
◎ **源文件：** 随书资源\实例文件\08\源文件\详细操作\创建图表.ai

### 1. 使用"柱形图工具"

"柱形图工具"是最基本的图形绘制工具。柱形图主要以坐标轴的方式，逐栏显示数据资料，数值越大，垂直柱就越高。下面将在新建图层后创建一个原始的柱形图，具体操作步骤如下。

### 01　创建新图层并选择图表工具

打开 03.ai 素材文件，单击"图层"面板中的"创建新图层"按钮，❶新建"图层 2"图层，❷单击工具箱中的"柱形图工具"按钮，将鼠标指针移到需要添加柱形图的位置，❸单击并拖动鼠标。

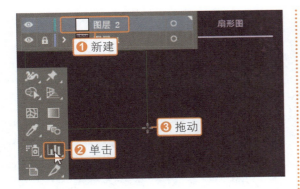

扇形图

## 02 创建柱形图

当拖动到一定的大小后，释放鼠标，即可绘制一个柱形图。

技巧提示　**关闭"图表数据"窗口**

在画面中创建图表后，将会自动弹出"图表数据"窗口。如果暂时不需要输入图表数据，可以单击窗口右上角的"关闭"按钮 **x**，关闭"图表数据"窗口。

## 2. 使用"折线图工具"

折线图通常用于表现在一段时间内或多个主题的变化趋势。使用 Illustrator 中的"折线图工具"绘制的折线图以点来表示一组或多组数据，并对每组中的点采用不同的线段来连接。下面将在右侧的画板中创建折线图，具体操作步骤如下。

## 01 选择工具并单击

按住工具箱中的"柱形图工具"按钮不放，❶在展开的工具组中单击选择"折线图工具"，❷在画板中需要绘制折线图的位置单击。

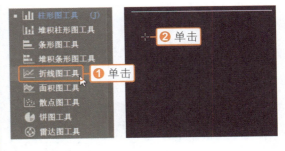

## 02 设置图表选项

弹出"图表"对话框，❶在对话框中输入"宽度"为 645 px、"高度"为 500 px，❷输入完毕后单击"确定"按钮。

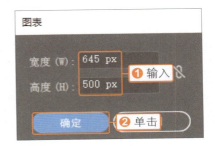

## 03 创建折线图

返回图稿，即可看到根据输入的数值创建的一个折线图。

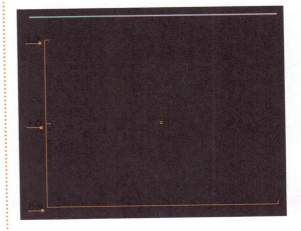

## 3. 使用"饼图工具"

使用"饼图工具"创建的图表将数据总和以一个圆形表示，其中每组数据所占的比例以不同的颜色表示。饼图主要用于百分比的比较，百分比越高，所占面积就越大。下面将在图稿中创建几个基础饼图，具体操作步骤如下。

### 01 选择工具并单击

按住工具箱中的"柱形图工具"按钮不放，❶在展开的工具组中单击选择"饼图工具"，❷在画板中需要绘制饼图的位置单击。

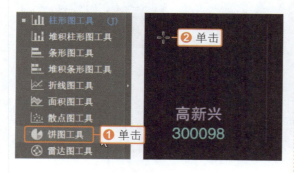

### 02 设置图表选项

打开"图表"对话框，❶在对话框中输入"宽度"为 100 px、"高度"为 100 px，❷输入完毕后单击"确定"按钮。

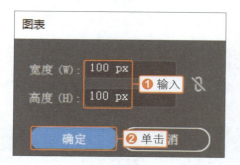

### 03 创建饼图

此时可看到在鼠标单击处创建了一个宽度和高度均为 100 px 的饼图。

### 04 复制饼图

使用"选择工具"选中创建的饼图，按住【Alt】键不放，单击并向右拖动饼图，复制出几个同等大小的饼图。

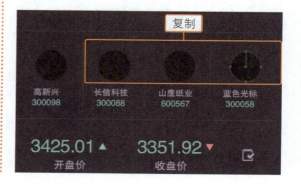

## 8.3.2 输入图表数据

创建图表后，可以使用"图表数据"窗口来输入图表的数据。默认情况下，使用图表工具创建图表时会自动显示"图表数据"窗口，如果未将其关闭，此窗口将保持打开状态。下面将在"图表数据"窗口中输入数据，更改图表外观，具体操作步骤如下。

◎ 素　材：无
◎ 源文件：随书资源\实例文件\08\源文件\详细操作\输入图表数据.ai

### 01 选择图表并执行"数据"命令

使用"选择工具"选中创建的柱形图，执行"对象 > 图表 > 数据"菜单命令，打开"图表数据"窗口。

第8章

## 02 输入图表数据

在"图表数据"窗口中，❶单击选择工作表中的单元格，❷在窗口顶部的文本框中输入数据。

## 03 继续输入图表数据

❶继续单击"图表数据"窗口中的其他单元格，在单元格中输入不同的数据，❷每输入完一个数据后单击"应用"按钮，或按【Enter】键。

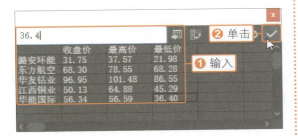

## 04 生成新的柱形图

此时可在画板中看到应用输入的单元格数据生成的柱形图。

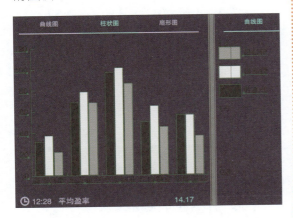

## 05 选择图表并执行"数据"命令

使用"选择工具"选中创建的折线图，执行"对象>图表>数据"菜单命令，打开"图表数据"窗口。

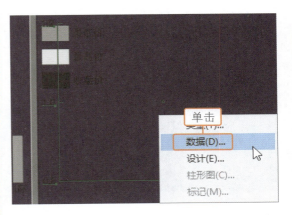

## 06 输入图表数据

❶在"图表数据"窗口中的单元格中输入相应的数据，❷每输入完一个数据后单击"应用"按钮，或按【Enter】键。

## 07 生成新的折线图

此时可在画板中看到应用输入的单元格数据生成的折线图。

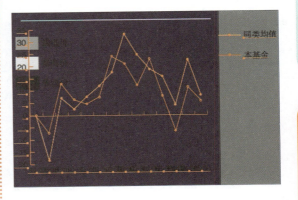

## 08 完成更多图表数据的输入

继续使用相同的方法，分别选择下方的饼图，在"图表数据"窗口中输入数据，更改图表效果。

第 8 章

**技巧提示　导入图表数据**

　　创建图表后，也可导入文本文件中的数据。在"图表数据"窗口中单击要导入数据的单元格，再单击"导入数据"按钮，在打开的对话框中选择文本文件，单击"打开"按钮即可。导入的文本文件中每个单元格的数据由制表符隔开，每行的数据由段落回车符隔开，且数据只包含小数点或小数点分隔符，否则将无法绘制与数据对应的图表。

## 8.3.3　设置图表格式

　　图表是与其数据相关的编组对象。可以使用"直接选择工具"或"编组选择工具"在不取消图表编组的情况下选择要编辑的部分，然后为选中的部分设置格式，如移动图表图例、更改图表轴的外观和位置、更改图表类型等。下面将详细介绍如何设置图表格式。

◎　素　材：无
◎　源文件：随书资源\实例文件\08\源文件\详细操作\设置图表格式.ai

### 1.　更改图例的位置

　　默认情况下，图例显示在图表右侧。用户可以根据需要选择在图表顶部水平显示图例，具体操作步骤如下。

#### 01　选择图表并双击图表工具

使用"选择工具"选择需要调整的柱形图，双击工具箱中的"柱形图工具"按钮，打开"图表类型"对话框。

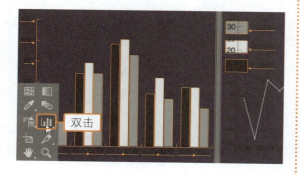

双击

#### 02　设置图表样式

❶在打开的"图表类型"对话框中勾选"在顶部添加图例"复选框，❷然后单击对话框下方的"确定"按钮。

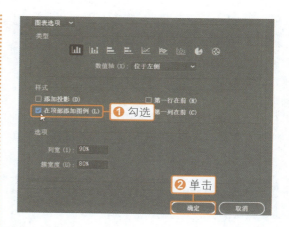

#### 03　查看效果

此时在画板中可以看到在图表顶部水平显示图例的效果。

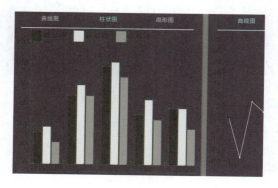

## 04 更改折线图图例位置

❶应用"选择工具"单击选中折线图，❷双击工具箱中的"柱形图工具"按钮，打开"图表类型"对话框，❸在对话框中勾选"在顶部添加图例"复选框，然后单击"确定"按钮，将图例移到折线图上方。

## 05 更改饼图图例位置

❶单击选择工具箱中的"选择工具"，❷按住【Shift】键不放，依次单击下方的饼图将其同时选中，执行"对象 > 图表 > 类型"菜单命令，打开"图表类型"对话框，❸在对话框中勾选"在顶部添加图例"复选框，然后单击"确定"按钮，将图例移到饼图上方。

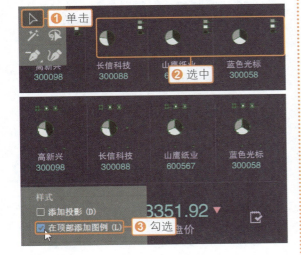

## 2. 设置图表的轴格式

在 Illustrator 中可以调整数据轴上显示的刻度线的刻度值和长度，也可以调整类别轴的长度及刻度线的数量。下面将分别选中图稿中

的柱形图和折线图，调整数据轴和类别轴的长度，具体操作步骤如下。

## 01 选择图表并执行"类型"命令

使用"选择工具"选中柱形图，执行"对象 > 图表 > 类型"菜单命令，打开"图表类型"对话框。

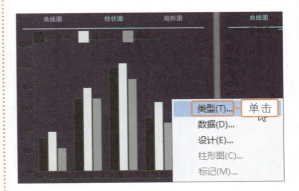

## 02 设置"列宽"和"簇宽度"

❶在打开的"图表类型"对话框中输入"列宽"为 85%、"簇宽度"为 70%，调整柱形的宽度和间距，❷然后单击"确定"按钮。

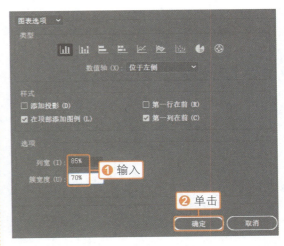

技巧提示　调整柱形或条形之间的距离

要调整柱形图、堆积柱形图、条形图或堆积条形图中柱形或条形之间的距离，可打开"图表类型"对话框，在对话框下方的"选项"组中的"列宽""条形宽度""簇宽度"文本框中输入 1% 到 1000% 之间的一个值即可。

符号和图表的应用

## 03 设置"数值轴"选项

❶单击"图表选项"右侧的下拉按钮，在展开的下拉列表中选择"数值轴"选项，显示数值轴选项，❷单击"长度"选项右侧的下拉按钮，在展开的下拉列表中选择"全宽"选项，延长数值轴线条。

## 04 设置"类别轴"选项

❶单击"数值轴"右侧的下拉按钮，在展开的下拉列表中选择"类别轴"选项，❷单击"长度"选项右侧的下拉按钮，在展开的下拉列表中选择"无"选项，隐藏类别刻度线，❸设置完毕后单击"确定"按钮。

## 05 查看效果

此时可在画板中看到设置后的柱形图效果。

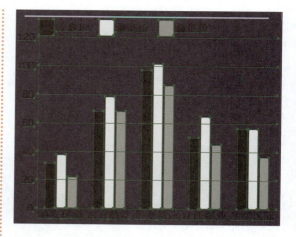

## 06 执行"类型"命令

使用"选择工具"选中右侧的折线图，执行"对象 > 图表 > 类型"菜单命令，打开"图表类型"对话框。

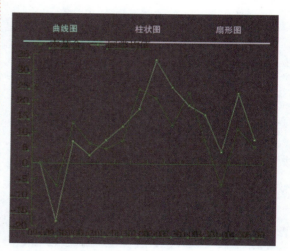

## 07 调整折线宽度

❶在打开的"图表类型"对话框中勾选"绘制填充线"复选框，❷输入"线宽"值为 2 pt，❸单击"确定"按钮。

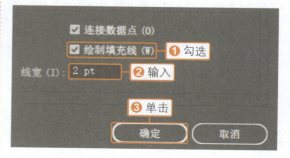

## 08　设置"数值轴"选项

❶单击"图表选项"右侧的下拉按钮，在展开的下拉列表中选择"数值轴"选项，❷单击"长度"选项右侧的下拉按钮，在展开的下拉列表中选择"全宽"选项。

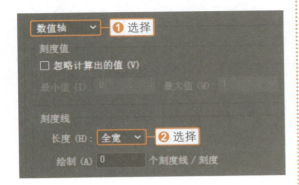

## 09　设置"类别轴"选项

❶单击"数值轴"右侧的下拉按钮，在展开的下拉列表中选择"类别轴"选项，❷单击"长度"选项右侧的下拉按钮，在展开的下拉列表中选择"无"选项，❸设置完毕后单击"确定"按钮。

> **技巧提示　更改图表类型**
>
> 　　创建图表后，还可以根据需要更改图表的类型。用"选择工具"选中需要更改的图表，执行"对象 > 图表 > 类型"菜单命令或者双击工具箱中的图表工具按钮，打开"图表类型"对话框，单击与所需图表类型相对应的按钮，然后单击"确定"按钮即可。

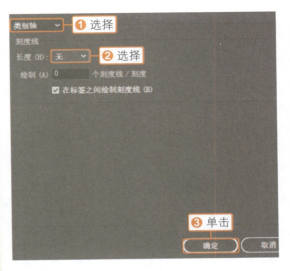

## 10　查看设置效果

此时可在画板中看到设置后的折线图效果。

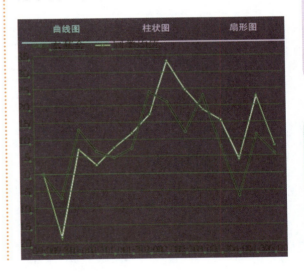

## 8.3.4　更改图表类型的数据图例

　　当图表绘制完成后，所绘制的图形将自动成组，此时可以应用"编组选择工具"选取图表中的一组数据图例，再更改其填充或描边颜色，创建更加生动的图表效果。下面将分别选择柱形图、折线图和饼图图表中的数据图例，为其指定不同的外观样式，具体操作步骤如下。

◎　素　材：无
◎　源文件：随书资源\实例文件\08\源文件\详细操作\更改图表类型的数据图例.ai

## 01 使用"编组选择工具"选取对象

按住工具箱中的"直接选择工具"按钮不放，❶在展开的工具组中单击选择"编组选择工具"，❷双击要选择的柱形的图例，选中用该图例编组的所有柱形。

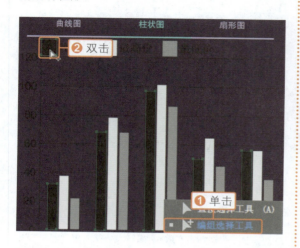

## 02 设置柱形外观

❶单击工具箱中的"渐变"按钮，为选中的柱形填充渐变颜色，打开"渐变"面板，❷在面板中设置从 R244、G82、B59 到 R145、G38、B75 的渐变颜色，❸输入渐变角度为90°，❹单击"描边"按钮，启用描边选项，❺单击"无"按钮，去除描边效果。

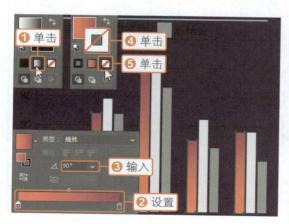

## 03 继续调整柱形外观

使用相同的方法，应用"编组选择工具"选中另外两组数据图例，结合"渐变"面板，为图例填充不同的颜色。

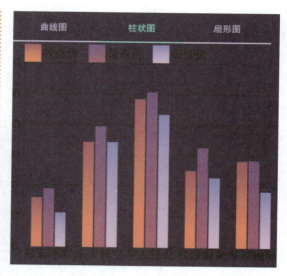

## 04 设置折线图例外观

❶使用"编组选择工具"双击选中折线图上的一组数据图例，打开"颜色"面板，❷在面板中输入填充颜色为 R79、G57、B129，❸单击工具箱中的"描边"按钮，启用描边选项，❹单击下方的"无"按钮，去除描边效果。

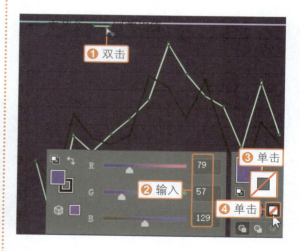

### 技巧提示　用"编组选择工具"选择数据

使用"编组选择工具"在图表中单击，将选中单个数据图例；在不移动鼠标指针的情况下再次单击，将选中用图例编组的所有图形；如果需要选中整个图表图形，则在不移动鼠标指针的情况下继续单击。

**更改饼图图例外观**

❶使用"编组选择工具"双击选中饼图上的一组数据图例，打开"颜色"面板，❷在面板中输入填充颜色为R254、G72、B128，❸单击工具箱中的"描边"按钮，启用描边选项，❹单击下方的"无"按钮，去除描边效果。

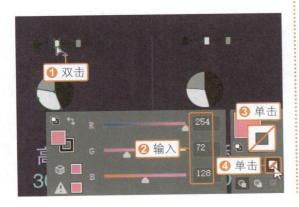

06 **调整其他图例颜色**

使用相同的方法，应用"编组选择工具"选中折线图和饼图上的其他数据图例，应用"颜色"面板为这些图例填充不同的颜色。

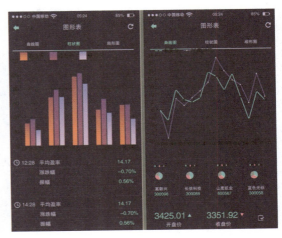

## 8.3.5　设置图表中的文本格式

　　创建图表时，图表中的文字将采用默认的字体、颜色显示。用户可以根据实际情况调整图表中文字的字体、大小及颜色等。下面选中图表中的文字，先使用"拾色器"对话框更改文字颜色，再在"属性"面板中调整"字符"属性，为文字设置不同的字体和大小，具体操作步骤如下。

◎ **素　材**：无
◎ **源文件**：随书资源\实例文件\08\源文件\详细操作\设置图表中的文本格式.ai

01 **选中图表文字**

❶单击选择工具箱中的"编组选择工具"，❷在柱形图下方的文字上双击，选中编组中的文字对象。

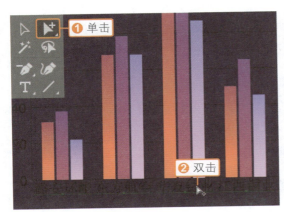

02 **设置文本颜色**

❶双击工具箱中的"填色"按钮，打开"拾色器"对话框，❷在对话框中输入填充颜色值为R65、G54、B84，更改文字颜色。

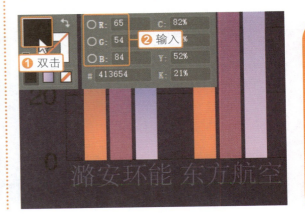

### 03 设置文字属性

按快捷键【Ctrl+T】，打开"字符"面板，❶在面板中设置字体为"方正黑体简体"，❷设置文字大小为 15 pt。

### 05 设置文字属性

打开"字符"面板，❶在面板中设置字体为"方正黑体简体"，❷设置文字大小为 15 pt，❸设置字距为 -25。

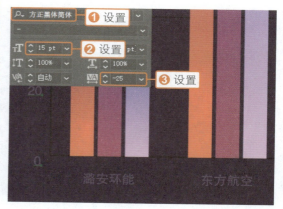

### 04 设置文字颜色

选择"编组选择工具"，❶双击柱形图左侧的文字，选中编组文字，❷双击工具箱中的"填色"按钮，打开"拾色器"对话框，❸在对话框中输入填充颜色值为 R65、G54、B84，❹单击"确定"按钮，更改文字颜色。

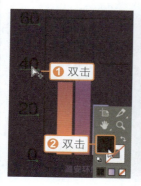
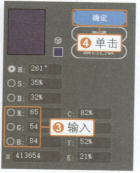

### 06 调整更多文字

继续使用相同的方法，调整图表中其他文字的颜色、字体和大小等，完成图表文字的处理。

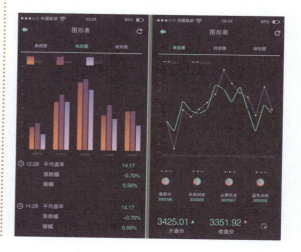

## 8.3.6 图表设计

使用图表设计可以将绘制的简单图形、符号、插图等添加到柱形和标记中。Illustrator 提供许多预设的图表设计，用户可以将这些设计应用于图表，也可以根据需要创建新的图表设计，并将它们存储在"图表设计"对话框中，再应用于图表的设计。下面将应用"椭圆工具"绘制同心圆，制作图表，并将制作的图表设计应用到折线图，具体操作步骤如下。

◎ 素　材：无
◎ 源文件：随书资源\实例文件\08\源文件\详细操作\图表设计.ai

## 01　绘制图形

选择工具箱中的"椭圆工具"，按住【Shift】键不放，在画板以外的背景上绘制几个不同大小的圆形，并填充不同的颜色，对齐并选中圆形图形，按快捷键【Ctrl+G】，将图形编组。

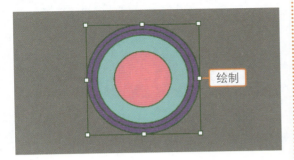

## 02　新建设计

执行"对象 > 图表 > 设计"菜单命令，打开"图表设计"对话框，❶在对话框中单击"新建设计"按钮，预览所选设计，❷单击"重命名"按钮，打开"图表设计"对话框，❸在对话框中重新为设计命名，❹设置完毕后单击"确定"按钮，❺再单击"确定"按钮。

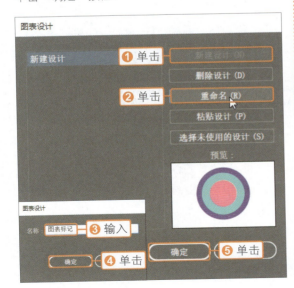

### 技巧提示　删除图表设计

　　在"图表设计"对话框中选中列表中需要删除的图表设计，单击右侧的"删除设计"按钮，即可删除设计。删除图表设计后，所有使用该设计的图表外观都会产生变化。

## 03　执行"标记"命令

选择"编组选择工具"，❶在折线图中的标记上双击，选中编组的折线标记，❷执行"对象 > 图表 > 标记"菜单命令。

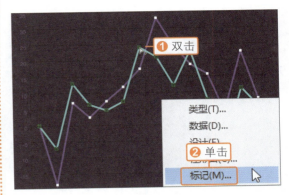

## 04　选择标记图案

打开"图表标记"对话框，❶在对话框中单击选中创建的"图表标记"，❷单击"确定"按钮。

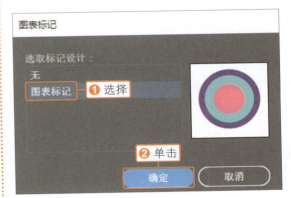

## 05　应用标记图案

可以看到被选中的折线标记都变成了设计图案，但是图案相对较小，需要再调整大小。使用"编组选择工具"单独选中一个标记。

### 06 设置标记缩放比

❶双击工具箱中的"比例缩放工具"按钮，打开"比例缩放"对话框，❷在对话框中单击"等比"选项右侧的文本框，输入缩放比为 200%，❸单击"确定"按钮。

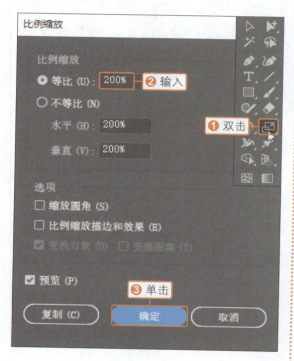

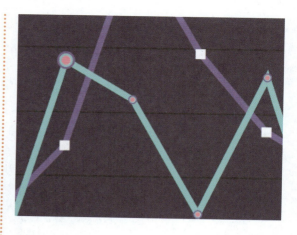

### 08 添加更多标记设计

继续使用相同的方法，对另外一组标记也应用相同的图案设计，再分别选择应用的标记图案，结合"比例缩放工具"将标记缩放到合适的大小，完成图表的设计。

### 07 更改标记大小

此时可看到根据输入的参数值，等比例放大了选中的标记。

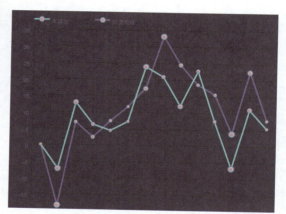

## 8.4 课后练习

　　本章通过三个典型的实例讲解了 Illustrator 软件中的符号和图表的应用，主要包括添加与应用符号、调整与编辑符号、创建图表、修改图表数据、设置图表格式等。下面通过习题来进一步巩固所学知识。

### 习题1——设计音乐类应用程序界面

　　一个富有创意的精致界面，能帮助应用程序吸引更多用户。本习题要为一个音乐类应用程序设计界面，使用矩形设计元素对界面进行大致的布局，添加圆形、音乐播放符号等元素增强活泼感和设计感，并通过色彩之间的过渡变化营造出动感。

●应用"矩形工具"和"椭圆工具"绘制图形,对界面进行简单布局;

●将人物素材图像置入到图形中,对图像进行适当的模糊设置,在图像旁边添加相应的文字内容;

●打开"移动"和"网页图标"符号库面板,将面板中的符号拖动到界面中,并断开符号链接,编辑图形,完成界面的设计。

◎ 素　材:随书资源\课后练习\08\素材\01.jpg、02.jpg
◎ 源文件:随书资源\课后练习\08\源文件\设计音乐类应用程序界面.ai

## 习题2——制作可视化数据分析图

可视化数据分析图能以图形化手段清晰有效地传达与沟通信息。本习题要使用 Illustrator 中的图表功能制作一个可视化数据分析图,通过图形与文字的结合,将信息以更为直观的方式展现出来。

●绘制背景图形,将编辑好的矢量地图复制到背景中,更改混合模式和不透明度;

●使用图表工具在画面中分别绘制饼图、堆积条形图、柱形图,输入或导入数据,完善图表内容;

● 扩展图表，对饼图中的图形应用 3D 效果，增强图形的立体感；
● 使用绘图工具绘制人物图案，将图案添加到堆积条形图中。

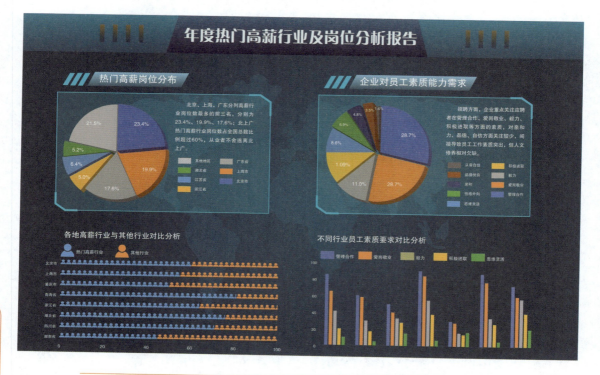

◎ 素　材：随书资源\课后练习\08\素材\03.ai、不同行业员工素质要求.txt、行业岗位对比.txt、企业对员工素质要求.txt、热门高薪岗位分布.txt
◎ 源文件：随书资源\课后练习\08\源文件\制作可视化数据分析图.ai

读书笔记

# 第9章

## 效果的应用

Illustrator 中的效果位于"效果"菜单中，在编辑图稿时，可以对图稿中的某个对象、组或图层应用这些效果，以更改其外观。当向对象应用一个效果后，该效果会显示在"外观"面板中，可以编辑、移动、复制、删除该效果或将它存储为图形样式的一部分。本章将对效果的常用操作方法进行介绍。

## 9.1　制作电影海报

电影海报是一部电影的"门面"，优秀的电影海报设计既要足够吸引大众眼球，又要充分体现电影的中心主旨。本实例要为一部奇幻冒险电影设计电影海报，在设计时选择了电影中具有代表性的场景作为海报背景，输入文字后为文字添加立体效果，并通过适当的扭曲、变形设计，增强画面的表现力。

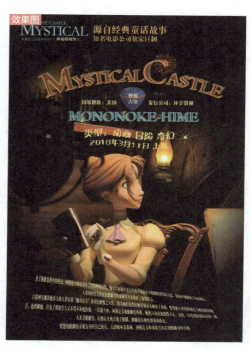

### 9.1.1　创建3D效果

应用 3D 效果可以从 2D 图稿创建 3D 对象，并且可以通过高光、阴影、旋转及其他属性来控制 3D 对象的外观。在 Illustrator 中，要创建 3D 效果，可以通过凸出或绕转两种方法实现，下面分别进行讲解。

◎ **素　材：** 随书资源\实例文件\09\素材\02.ai
◎ **源文件：** 随书资源\实例文件\09\源文件\详细操作\创建3D效果.ai

#### 1. 使用凸出方式创建3D效果

使用凸出方式创建 3D 效果时，将沿对象的 Z 轴凸出拉伸一个 2D 对象，以增加对象的深度，例如，如果凸出一个 2D 圆形，则它就会变成一个圆柱。选择需要创建 3D 效果的对象，执行"效果 >3D> 凸出和斜角"菜单命令，可以打开"3D 凸出和斜角选项"对话框，在对话框中可以调整各个选项，控制生成的 3D

效果。下面使用凸出方式制作 3D 立体文字效果，具体操作步骤如下。

#### 01　创建新图层并输入文字

打开 02.ai 素材文件，❶单击"图层"面板中的"创建新图层"按钮，创建"图层 2"图层，❷使用"文字工具"在画面中输入文字，结合"字符"面板，调整文字的字体、大小及颜色，得到更有层次感的画面。

②输入

①单击

2 图层

## 02　选择对象并执行命令

①使用"选择工具"单击选中画面中的文字对象，②执行"效果 >3D> 凸出和斜角"菜单命令，打开"3D 凸出和斜角选项"对话框。

①单击

②单击

凸出和斜角(E)...

绕转(R)...

旋转(O)...

## 03　设置3D选项

①在"位置"选项组中依次输入参数值为 -4°、6°、0°，设置 3D 对象的位置，②然后输入"凸出厚度"为 60 pt，③单击"确定"按钮。

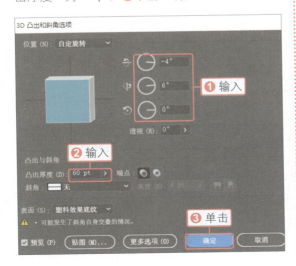

①输入

②输入

凸出厚度 (D) 60 pt

③单击

确定

## 04　选择对象并执行命令

查看创建的 3D 文字效果。①使用"选择工具"单击选中下面一排文字对象，②执行"效果 >3D> 凸出和斜角"菜单命令。

②单击

①单击

凸出和斜角(E)...

绕转(R)...

旋转(O)...

## 05　设置3D选项

打开"3D 凸出和斜角选项"对话框，①在"位置"选项组中输入参数值为 -2°、5°、0°，②输入"凸出厚度"为 50 pt，设置后单击"确定"按钮。

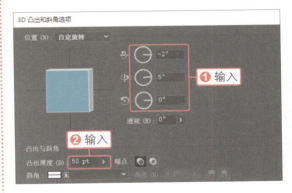

①输入

②输入

凸出厚度 (D) 50 pt

## 06　查看效果

在绘图窗口中查看应用 3D 效果后的文字。

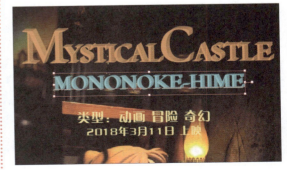

### 2. 使用绕转方式创建3D效果

通过"绕转"命令可围绕旋转轴旋转路径或平面，从而创建出 3D 对象。下面通过绕转的方式制作 3D 图形，具体操作步骤如下。

#### 01 置入并编辑符号

打开"地图"符号库面板，❶在面板中单击选择"州际公路"符号，将该符号置入图稿中，❷应用路径编辑工具调整图形形状。

#### 02 设置绕转选项

执行"效果 >3D> 绕转"菜单命令，打开"3D绕转选项"对话框，❶在对话框中输入"位置"参数值为 -18°、-26°、8°，❷输入"角度"为 360°、"位移"为 2 pt，❸选择"扩散底纹"表面，单击"确定"按钮。

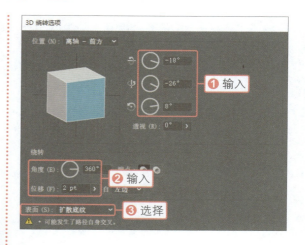

#### 03 查看3D效果

返回绘图窗口，查看创建的 3D 图形。

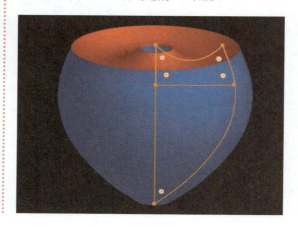

## 9.1.2 应用SVG滤镜效果

利用 SVG 滤镜可以为矢量图应用纹理、高斯模糊等 SVG 效果。在 Illustrator 中，可以通过执行菜单命令来应用和编辑 SVG 滤镜效果。下面将应用 SVG 滤镜效果编辑文字对象，具体操作步骤如下。

◎ 素 材：无
◎ 源文件：随书资源\实例文件\09\源文件\详细操作\应用SVG滤镜效果.ai

#### 01 复制文字对象

❶使用"选择工具"单击选中文字对象，按快捷键【Ctrl+C】，复制文字对象，❷执行"编辑 > 就地粘贴"菜单命令，粘贴文字对象，打开"图层"面板，在面板中单击下方文字对象前的眼睛图标，❸隐藏原始的文字对象。

## 02 执行命令应用SVG滤镜

执行"效果 >SVG 滤镜 >AI_ 腐蚀 _3"菜单命令，执行命令后，在画板中查看对所选文字应用的 SVG 滤镜效果。

## 03 更改混合模式

打开"透明度"面板，❶在面板中将混合模式设置为"正片叠底"，打开"图层"面板，❷在面板中单击下方隐藏的文字对象前方的眼睛图标，重新显示该对象。

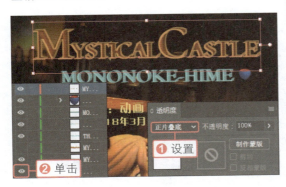

## 04 执行"应用SVG滤镜"命令

❶使用"选择工具"单击选中下方一排文字对象，按快捷键【Ctrl+C】，复制文字，执行"编辑 > 就地粘贴"菜单命令，粘贴文字，❷执行"效果 >SVG 滤镜 > 应用 SVG 滤镜"菜单命令。

## 05 选择要应用的SVG滤镜

打开"应用 SVG 滤镜"对话框，❶在对话框中单击选择"AI_ 腐蚀 _3"，❷单击"确定"按钮。

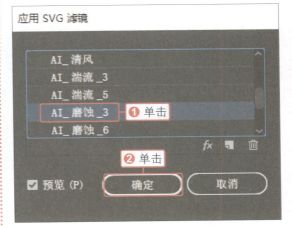

## 06 更改混合模式

在画面中可以看到应用腐蚀效果后的文字，打开"透明度"面板，在面板中将混合模式设置为"正片叠底"，混合图像。

## 07 选择文字对象并执行命令

使用"选择工具"选中顶端的文字对象，执行"效果 >SVG 滤镜 > 应用 SVG 滤镜"菜单命令。

## 08 选择要应用的SVG滤镜

❶在打开的"应用SVG滤镜"对话框中单击选择"AI_木纹"选项，❷单击"确定"按钮。

## 09 查看应用滤镜的效果

此时在画板中可以看到为选中的文字应用的木纹效果。

## 9.1.3 应用"变形"效果

应用"效果"菜单中的"变形"命令可以快速扭曲或变形路径、文本、网格、混合及位图图像等对象。通过选择一种预设的变形形状，然后选择混合选项所影响的轴，并指定要应用的混合及扭曲量，即可创建扭曲或变形的对象。下面使用"变形"功能对电影海报中的文字进行变形，具体操作步骤如下。

◎ 素　材：无
◎ 源文件：随书资源\实例文件\09\源文件\详细操作\应用"变形"效果.ai

## 01 执行"弧形"命令

❶使用"选择工具"单击选中需要变形的文字对象，❷执行"效果 > 变形 > 弧形"菜单命令。

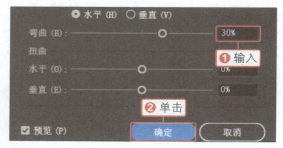

## 02 设置"变形"选项

打开"变形"对话框，❶输入"弯曲"为30%，其他选项不变，❷单击"确定"按钮。

## 03 查看"变形"效果

单击画板外的任意区域，取消文字对象的选中状态，可以看到应用"变形"效果后的文字。

## 9.1.4 | 应用"扭曲和变换"效果

应用"扭曲和变换"效果可以快速改变对象的外形。"扭曲和变换"效果列表提供"变换""扭拧""扭转""收缩和膨胀""波纹效果""粗糙化""自由扭曲"7 种效果，下面分别进行讲解。

◎ **素 材**：随书资源\实例文件\09\素材\03.ai
◎ **源文件**：随书资源\实例文件\09\源文件\详细操作\应用"扭曲和变换"效果.ai

效果的应用

### 1. 使用"变换"效果

"变换"效果通过重设大小、移动、旋转、镜像和复制的方法来改变对象外形。下面使用"变换"效果更改文字外形，具体操作步骤如下。

**01 锁定图层并选择要变换的对象**

打开 03.ai 素材文件，打开"图层"面板，❶单击锁定 Mystical Castle 文字对象，❷使用"选择工具"单击选中下方较小的文字对象。

**02 设置"变换"选项**

执行"效果 > 扭曲和变换 > 变换"菜单命令，打开"变换效果"对话框，❶在"缩放"选项组中输入"水平"为 131%、"垂直"为 141%，❷在"移动"选项组中输入"水平"为 -5.6 mm、"垂直"为 3.5 mm，单击"确定"按钮。

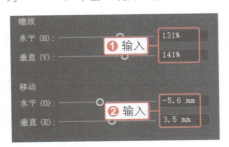

**03 查看"变换"效果**

此时在画板中可看到变换后的文字效果。

**04 选择对象并执行"变换"命令**

❶使用"选择工具"单击选中右侧的文字对象，❷执行"效果 > 变换"菜单命令，或按快捷键【Alt+Shift+Ctrl+E】。

**05 设置"变换"选项**

打开"变换效果"对话框，在"移动"选项组中输入"水平"为 5.6 mm，其他参数值不变，单击"确定"按钮。

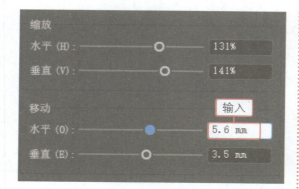

## 06 查看"变换"效果

此时在画板中可看到变换后的文字效果。

### 2. 使用"扭拧"效果

"扭拧"效果会随机地向内或向外弯曲和扭曲对象。执行"效果>扭曲和变换>扭拧"菜单命令，在打开的"扭拧"对话框中使用绝对量或相对量设置垂直和水平扭曲，具体操作步骤如下。

## 01 选择图形并执行命令

使用"选择工具"单击选中需要处理的图形，执行"效果>扭曲和变换>扭拧"菜单命令，打开"扭拧"对话框。

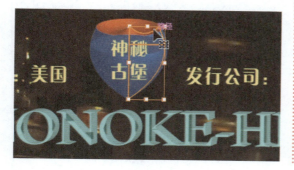

## 02 设置"扭拧"选项

❶在"扭拧"对话框中输入"水平"为20%、"垂直"为10%，❷设置完毕后单击"确定"按钮。

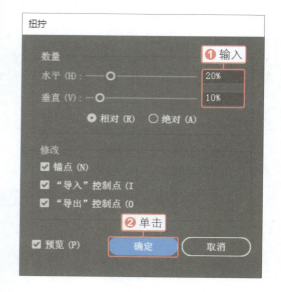

## 03 查看图形效果

此时在画板中可看到应用"扭拧"效果后的图形。

### 3. 使用"扭转"效果

"扭转"效果通过旋转来改变对象的外形，并且中心的旋转程度比边缘的旋转程度大。在"扭转"对话框中，输入一个正值时将顺时针扭转，输入一个负值时将逆时针扭转。

## 01 选择文字对象并执行命令

使用"选择工具"单击选中需要处理的文字对象，执行"效果>扭曲和变换>扭转"菜单命令，打开"扭转"对话框。

## 02 设置"扭转"选项

❶在"扭转"对话框中勾选"预览"复选框,在画板中即时预览设置后的效果,❷输入"角度"为10°,❸单击"确定"按钮,应用"扭转"效果处理选中的文本对象。

## 4. 使用"收缩和膨胀"效果

　　"收缩和膨胀"效果可以将对象从它们的节点上开始向内凹陷或向外伸展,从而产生变形效果。当向外拉出对象的锚点时,对象向内弯曲收缩;当向内拉入对象的锚点时,对象向外弯曲膨胀。

## 01 绘制星形并填充颜色

❶单击选择工具箱中的"星形工具",❷在画面中单击并拖动,绘制两个星形图形,❸打开"颜色"面板,在面板中设置图形填充颜色为R255、G221、B116。

## 02 设置"收缩和膨胀"选项

执行"效果 > 扭曲和变换 > 收缩和膨胀"菜单命令,打开"收缩和膨胀"对话框,❶在对话框中先勾选"预览"复选框,便于查看效果,❷输入参数值为 -147%,❸单击"确定"按钮,收缩星形图形。

## 5. 使用"波纹效果"

　　"波纹效果"可将对象的路径段变换为同样大小的尖峰和凹谷形成的锯齿和波形阵列。使用绝对大小或相对大小可以设置尖峰与凹谷之间的距离,并且可以设置每个路径段的隆起数量,并在平滑的波形边缘和尖锐的锯齿边缘之间作出选择。

## 01 绘制圆形并填充颜色

❶单击选择工具箱中的"椭圆工具",❷在画面中单击并拖动,绘制一个圆形图形,❸打开"颜色"面板,在面板中设置图形填充颜色为R170、G53、B2。

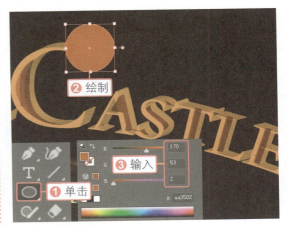

## 02 设置"波纹效果"选项

执行"效果>扭曲和变换>波纹效果"菜单命令，打开"波纹效果"对话框，在对话框中输入"大小"为36%、"每段的隆起数"为23，单击"确定"按钮。

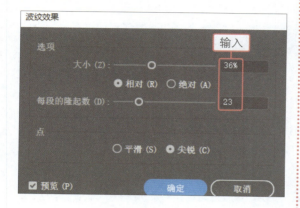

## 03 设置混合模式

查看应用"波纹效果"扭曲后的图形。打开"透明度"面板，❶在面板中设置混合模式为"滤色"，❷"不透明度"为60%，混合图像。

## 6. 使用"粗糙化"效果

"粗糙化"效果可将矢量对象的路径段变形为各种大小的尖峰和凹谷的锯齿阵列。与"波纹"效果类似，"粗糙化"效果也使用绝对大小或相对大小设置路径段的最大长度。下面应用"粗糙化"效果进一步变形图形，具体操作步骤如下。

## 01 选择对象并执行"粗糙化"命令

❶使用"选择工具"选中需要处理的图形，❷执行"效果>扭曲和变换>粗糙化"菜单命令。

## 02 设置"粗糙化"选项

在打开的"粗糙化"对话框中输入"大小"为4%、"细节"为18，设置完毕后单击"确定"按钮，应用"粗糙化"效果。

## 7. 使用"自由扭曲"效果

"自由扭曲"效果通过拖动四个角落中任意控制点的方式来改变矢量对象的外形。下面使用"自由扭曲"效果对画板下方的文字进行扭曲处理，具体操作步骤如下。

## 01 选择要变换的对象

❶使用"选择工具"选中需要变换的对象，❷执行"效果>扭曲和变换>自由扭曲"菜单命令，打开"自由扭曲"对话框。

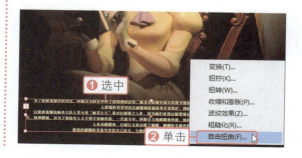

## 02 设置"自由扭曲"选项

❶在打开的对话框中单击并拖动对象左上角和右上角的控制点，❷单击"确定"按钮。

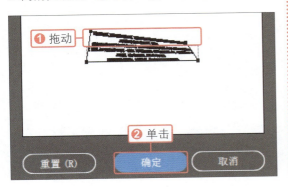

## 03 应用"自由扭曲"效果

此时可在画板中查看应用"自由扭曲"效果后的文字。

# 9.2 制作一组质感按钮

　　按钮作为网页设计、UI 设计中最基础的元素之一，对整体设计来说起着举足轻重的作用。按钮是否精致、是否和整体网页或 UI 相匹配都是需要考虑的问题。本实例要为 UI 界面设计一组按钮，为了制作出不同质感的按钮效果，通过转换图形的外观形态，得到不同的按钮形状，结合风格化效果为图形添加投影、发光等样式，使图形呈现出立体感。

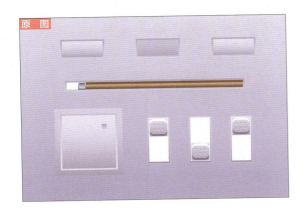

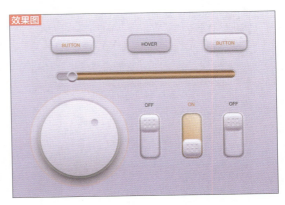

## 9.2.1 应用"转换为形状"效果

　　应用"转换为形状"效果可将矢量对象的形状转换为矩形、圆角矩形或椭圆。在转换时，可以使用绝对尺寸或相对尺寸设置形状的尺寸，如果要将图形转换为圆角矩形，则需要指定一个圆角半径以确定圆角边缘的曲率。下面将应用"转换为形状"效果更改按钮的外观，具体操作步骤如下。

◎ **素　材：** 随书资源\实例文件\09\素材\04.ai
◎ **源文件：** 随书资源\实例文件\09\源文件\详细操作\应用"转换为形状"效果.ai

## 01 选择图形并执行"圆角矩形"命令

打开 04.ai 素材文件，❶选择"选择工具"，按住【Shift】键不放，依次单击选中多个矩形图形，❷执行"效果 > 转换为形状 > 圆角矩形"菜单命令。

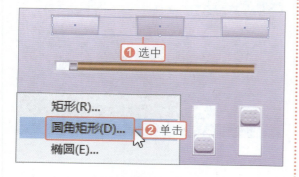

## 02 设置"形状选项"

打开"形状选项"对话框，❶在对话框中设置"额外宽度"和"额外高度"均为 0 mm，"圆角半径"为 5 mm，❷设置完毕后单击"确定"按钮。

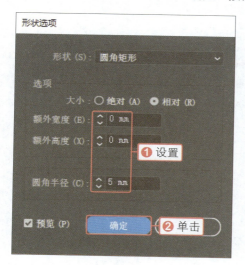

## 03 查看转换效果

按快捷键【Shift+Ctrl+A】取消选择，查看转换后的图形效果。

## 04 选择矩形图形

选择工具箱中的"选择工具"，按住【Shift】键不放，依次单击选中圆角矩形下方的三个矩形图形。

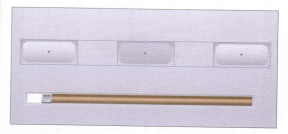

## 05 执行"圆角矩形"命令

执行"窗口 > 外观"菜单命令，打开"外观"面板，❶单击"添加新效果"按钮，❷在展开的菜单中执行"转换为形状 > 圆角矩形"命令。

## 06 设置"形状选项"

打开"形状选项"对话框，❶在对话框中设置"额外宽度"和"额外高度"均为 0 mm，"圆角半径"为 7 mm，❷单击"确定"按钮。

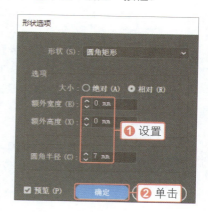

第 9 章

## 07 查看转换效果

单击画板外任意区域取消选择，查看转换后的图形效果。

## 08 隐藏并选中图形

打开"图层"面板，❶单击一些矩形前方的眼睛图标，隐藏图形，❷使用"选择工具"单击选中一个矩形图形。

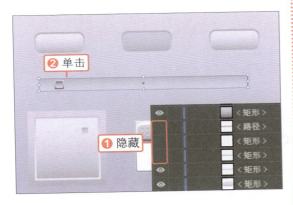

## 09 设置"形状选项"

执行"效果 > 转换为形状 > 圆角矩形"菜单命令，打开"形状选项"对话框，❶在对话框中设置"额外宽度"和"额外高度"均为 0 mm，"圆角半径"为 10 mm，❷设置后单击"确定"按钮。

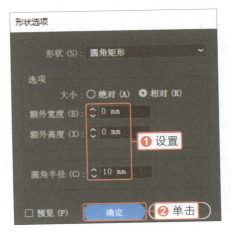

## 10 继续将矩形转换为圆角矩形

重新显示步骤 08 隐藏的图形，继续使用相同的方法，将画板中的另一部分矩形图形也转换为圆角矩形。

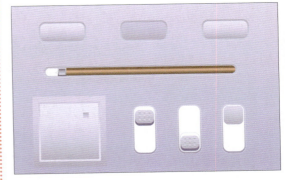

## 11 选择矩形图形

选择工具箱中的"选择工具"，按住【Shift】键不放，依次单击选中重叠的两个矩形图形，执行"效果 > 转换为形状 > 椭圆"菜单命令。

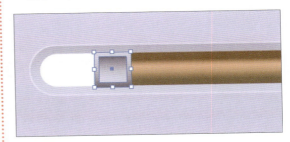

## 12 设置"形状选项"

打开"形状选项"对话框，❶在对话框中设置"额外宽度"和"额外高度"均为 0 mm，❷设置完毕后单击"确定"按钮。

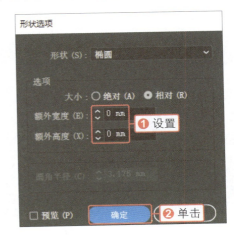

## 13 查看转换效果

此时可在画板中查看将矩形转换为圆形的效果。

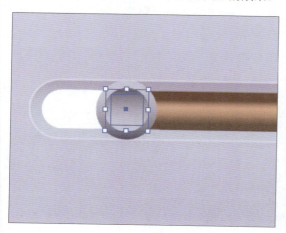

## 14 选择并转换图形

❶使用"选择工具"在画板中单击并拖动，选中左下角重叠的矩形图形，执行"效果 > 转换为形状 > 椭圆"菜单命令，❷在打开的"形状选项"对话框中设置"额外宽度"和"额外高度"均为0 mm，单击"确定"按钮，将矩形转换为圆形。

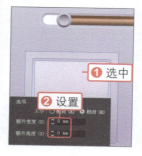

## 9.2.2 应用"风格化"效果

"风格化"效果包含"内发光""圆角""外发光""投影""涂抹""羽化"6 种效果，应用这些效果可以为所选对象添加内/外发光、投影等各种样式的效果。下面对其中几种常用效果进行讲解。

◎ 素　材：无
◎ 源文件：随书资源\实例文件\09\源文件\详细操作\应用"风格化"效果.ai

## 1. 使用"投影"效果

应用"投影"效果可以在图形边缘产生投影，从而使图形更具立体感。选中图形后，执行"效果 > 风格化 > 投影"菜单命令，在打开的"投影"对话框中即可进行投影的设置，具体操作步骤如下。

## 01 选择圆角矩形

选择"选择工具"，按住【Shift】键不放，在画板中连续单击，选中多个圆角矩形图形。

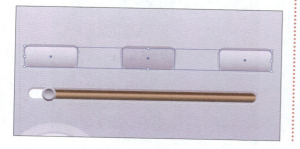

## 02 执行"投影"命令

打开"外观"面板，❶单击面板中的"添加新效果"按钮，❷在展开的菜单中执行"风格化 > 投影"菜单命令。

## 03 设置"投影"选项

打开"投影"对话框，❶在对话框中先勾选"预览"复选框，便于查看添加的效果，❷输入投影"不透明度"为66%，❸"Y位移"为1.4 mm、"模糊"为1.7 mm，其他选项不变，❹单击"确定"按钮。

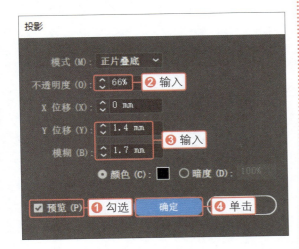

## 04 查看添加的"投影"效果

此时可在画板中查看对所选的圆角矩形应用的"投影"效果。

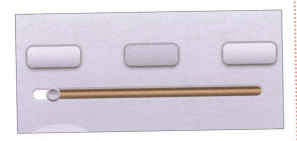

### 技巧提示　修改效果

　　选中应用了效果的对象或组，在"外观"面板中单击带下画线的效果名称，在打开的对话框中可以修改已应用的效果的选项。

## 05 选择图形并执行"投影"命令

❶使用"选择工具"单击选中左下方的一个圆形图形，❷执行"效果 > 风格化 > 投影"菜单命令。

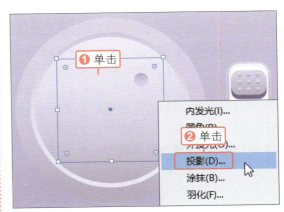

## 06 设置"投影"选项

打开"投影"对话框，❶在对话框中勾选"预览"复选框，❷输入投影"不透明度"为75%，❸"Y位移"为5 mm、"模糊"为5 mm，其他选项不变，❹单击"确定"按钮。

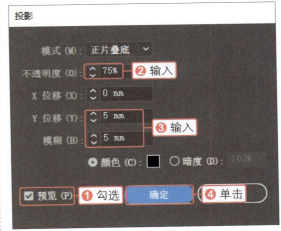

## 07 查看"投影"效果

此时可在画板中查看对所选的圆形图形应用的"投影"效果。

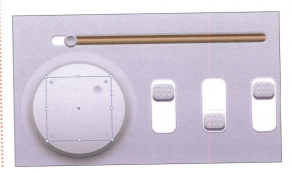

## 2. 使用"内发光"效果

应用"内发光"效果可以在图形对象边缘产生向内的各种颜色的柔和发光效果。执行"效果 > 风格化 > 内发光"菜单命令，打开"内发光"对话框，在对话框中可以指定发光颜色、发光范围等，从而控制应用到图形中的发光效果，具体操作步骤如下。

### 01　选择图形并执行"内发光"命令

应用"选择工具"选中需要添加"内发光"效果的几个图形，执行"效果 > 风格化 > 内发光"菜单命令。

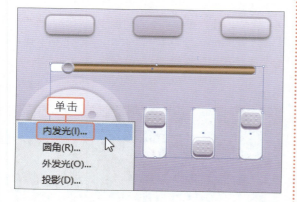

### 02　设置"内发光"选项

打开"内发光"对话框，❶在对话框中输入"不透明度"为30%、"模糊"为4 mm，其他选项不变，❷单击"确定"按钮。

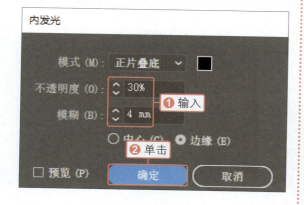

### 03　更改混合模式

打开"透明度"面板，在面板中设置混合模式为"正片叠底"。

### 04　双击应用的样式

❶使用"选择工具"单击选中应用"内发光"效果的一个图形，❷打开"外观"面板，在面板中单击应用的"内发光"样式。

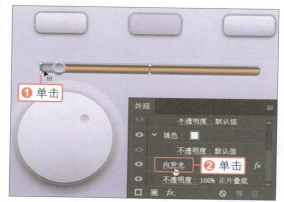

### 05　修改"内发光"选项

打开"内发光"对话框，❶在对话框中输入"不透明度"为20%、"模糊"为1 mm，❷单击"确定"按钮。

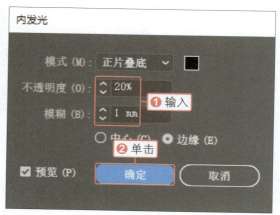

## 06 查看应用的"内发光"效果

取消图形的选中状态，在画板中查看应用的"内发光"效果。

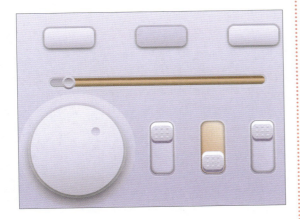

### 3．使用"外发光"效果

应用"外发光"效果可以在图形边缘周围产生向外的发光效果。选中图形后，执行"效果 > 风格化 > 外发光"菜单命令，在打开的"外发光"对话框中即可设置外发光选项，具体操作步骤如下。

## 01 选择图形并执行"外发光"命令

❶使用"选择工具"单击选中需要应用"外发光"效果的图形，❷执行"效果 > 风格化 > 外发光"菜单命令。

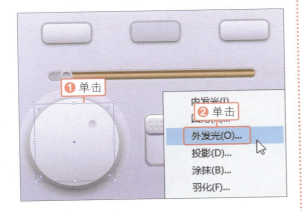

## 02 单击色块

打开"外发光"对话框，在对话框中单击"模式"选项右侧的色块。

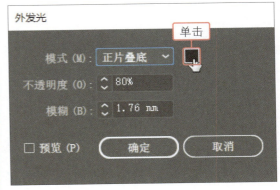

## 03 设置外发光颜色

打开"拾色器"对话框，❶在对话框中输入发光颜色值为 R252、G113、B58，❷单击"确定"按钮。

## 04 调整"外发光"选项

返回"外发光"对话框，❶在对话框中设置"模式"为强光、"不透明度"为 90%、"模糊"为 1 mm，❷设置完毕后单击"确定"按钮。

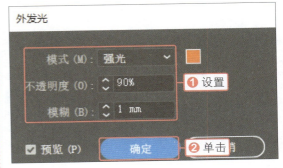

## 05 查看应用的"外发光"效果

取消图形的选中状态，在画板中查看应用的"外发光"效果。

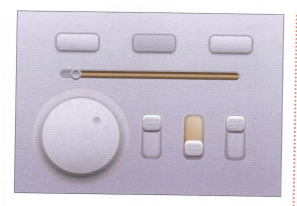

**第9章**

### 4．使用"羽化"效果

　　应用"羽化"效果可快速羽化对象边缘，使对象从不透明渐隐到透明。执行"效果 > 风格化 > 羽化"菜单命令，打开"羽化"对话框，在对话框中设置"半径"选项，调整图形过渡效果，具体操作步骤如下。

### 01　选中图形并执行"羽化"命令

❶使用"选择工具"单击选中需要应用"羽化"效果的图形，❷执行"效果 > 风格化 > 羽化"菜单命令。

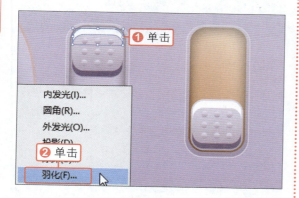

### 02　设置"羽化"选项

❶打开"羽化"对话框，在对话框中勾选"预览"复选框，❷输入"半径"为2 mm，❸单击"确定"按钮。

### 03　查看应用的"羽化"效果

在画板中取消图形的选中状态，查看应用"羽化"效果后的图形，可以看到在按钮上添加了高光效果。

### 04　执行"应用'羽化'"命令

使用"选择工具"选中另外几个图形，执行"效果 > 应用'羽化'"菜单命令，对选中的图形应用相同的羽化设置。

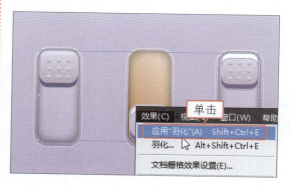

### 05　查看效果并输入文字

取消选择，在画板中查看应用"羽化"效果后的图形。最后使用"文字工具"在适当位置输入相应的文字，完成按钮和滑块的制作。

技巧提示 **删除效果**

　　选中应用了效果的对象或组,打开"外观"面板,在面板中单击选择某个效果项目,单击面板底部的"删除所选项目"按钮，即可删除该效果。

## 9.3　制作时尚人物插画

　　插画也被称为插图,是现代设计中一种重要的视觉传达形式。在各类出版物中,经常会看到插画的运用,插画能够起到突出主题、增强艺术感染力的作用。本实例要为艺术杂志设计一幅插画。在设计过程中,对摄影作品应用各类效果将其转换为手绘风格,再在人物图像上进行图案的叠加,丰富画面内容,营造出复古的意境。

效果图

原　图

### 9.3.1　使用效果画廊

　　简单来说,效果画廊就是存放常用效果的仓库,能够帮助用户快速找到需要应用的效果,并进行快速设置。效果画廊包含"风格化""画笔描边""扭曲""素描""纹理""艺术效果"6大类效果,下面对其中比较常用的效果组进行介绍。

　◎ **素　材:** 随书资源\实例文件\09\素材\05.jpg
　◎ **源文件:** 随书资源\实例文件\09\源文件\详细操作\使用效果画廊.ai

#### 1. 使用"画笔描边"效果组

　　"画笔描边"效果组是基于栅格的效果,通过模拟不同的画笔或油墨笔刷来勾画图像,从而产生类似绘画的效果。"画笔描边"效果组包含"成角的线条""墨水轮廓""喷溅"等8种效果。下面使用"画笔描边"效果组中的效果制作纸张渲染效果,具体操作步骤如下。

## 01　置入并裁剪图像

创建新文档，将 05.jpg 素材文件置入到新建的文档中，❶执行"对象 > 裁剪图像"菜单命令，显示裁剪框，将鼠标指针移到裁剪框左侧边线的控制点上，当鼠标指针变为↔形时，❷单击并向右拖动，调整裁剪范围，❸单击"属性"面板中的"应用"按钮，应用裁剪。

## 02　设置选项栅格化图像

执行"对象 > 栅格化"菜单命令，打开"栅格化"对话框，❶在"分辨率"下拉列表框中选择"中（150 ppi）"选项，❷单击"确定"按钮，栅格化图像。

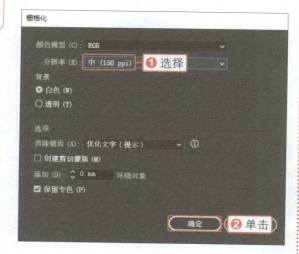

## 03　复制图层

打开"图层"面板，❶选中"图层 1"图层，❷将其拖至"创建新图层"按钮上，复制多个相同图层，❸单击"图层 1- 复制 2"至"图层 1- 复制 4"前的眼睛图标，隐藏图层，❹然后单击"图层 1"前的编辑框，锁定图层。

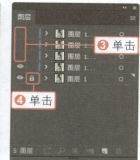

## 04　选择图层中的图像

❶单击选中"图层"面板中的"图层 1_复制"图层，❷使用工具箱中的"选择工具"单击选中图层中的图像。

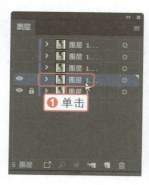

## 05　应用"阴影线"效果

执行"效果 > 效果画廊"菜单命令，打开"效果画廊"对话框，❶在对话框中单击"画笔描边"效果组中的"阴影线"效果，❷输入"描边长度"为 9、"锐化程度"为 14、"强度"为 2，❸单击"确定"按钮。

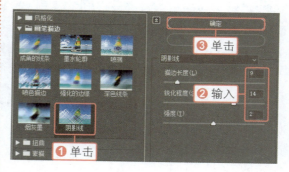

## 06　选择图像

对人物图像应用"阴影线"效果后，使用"选择工具"再次选中人物图像。

## 2. 使用"素描"效果组

"素描"效果组大多使用黑白颜色来重绘图像，使其产生类似素描、速写及三维的艺术效果。"素描"效果组提供"半调图案""便条纸""粉笔和炭笔"等14种效果。下面将使用该组中的效果对图像做进一步的调整，并通过更改图层混合模式，得到素描画效果，具体操作步骤如下。

### 07 应用"深色线条"效果

执行"效果 > 效果画廊"菜单命令，打开"效果画廊"对话框，❶在对话框中单击"画笔描边"效果组中的"深色线条"效果，❷输入"平衡"为1、"黑色强度"为0、"白色强度"为8，❸单击"确定"按钮。

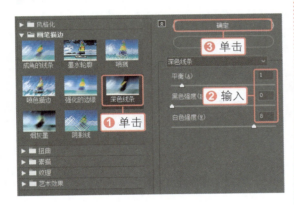

### 08 查看应用效果后的图像

此时可在画板中查看应用效果后的人物图像。

### 01 选择图层中的图像

❶在"图层"面板中单击锁定"图层1_复制"图层，❷重新显示并单击选中"图层1_复制2"图层，❸使用"选择工具"单击选中图层中的图像。

### 02 应用"图章"效果

执行"效果 > 效果画廊"菜单命令，打开"效果画廊"对话框，❶在对话框中单击"素描"效果组中的"图章"效果，❷输入"明/暗平衡"为6、"平滑度"为1，❸最后单击"确定"按钮。

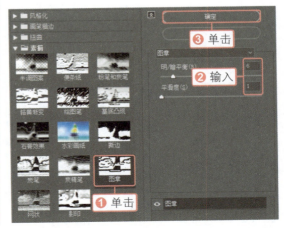

## 03 设置混合模式

在图像中应用"图章"效果后，打开"透明度"面板，在面板中设置混合模式为"饱和度"，混合图像。

## 04 选择图层中的图像

❶在"图层"面板中单击锁定"图层1_复制2"图层，❷重新显示并单击选中"图层1_复制3"图层，❸使用"选择工具"单击选中图层中的图像。

## 05 应用"绘图笔"效果

执行"效果 > 效果画廊"菜单命令，打开"效果画廊"对话框，❶在对话框中单击"素描"效果组中的"绘图笔"效果，❷输入"描边长度"为15、"明/暗平衡"为14，❸设置"描边方向"为"左对角线"，❹最后单击"确定"按钮。

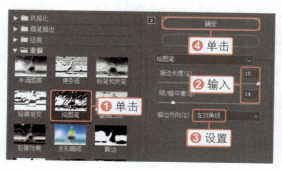

## 06 设置混合模式

在图像中应用"绘图笔"效果后，打开"透明度"面板，在面板中设置混合模式为"色相"，混合图像，增强绘画质感。

### 技巧提示　栅格化效果

　　"效果"菜单命令中的部分效果是基于栅格的效果，无论何时对矢量对象应用这些效果，都将使用文档栅格效果自动栅格化图像，用户也可执行"效果 > 栅格化"菜单命令，手动栅格化矢量对象。

## 3. 使用"艺术效果"组

　　"艺术效果"组提供了模拟传统绘画手法的途径，可以为图像添加绘画效果或艺术特效。"艺术效果"组包含"壁画""彩色铅笔""粗糙蜡笔"等15种效果。下面将运用"艺术效果"组中的效果处理图像，增强图像的边缘轮廓，具体操作步骤如下。

## 01 选择图层中的图像

❶在"图层"面板中单击锁定"图层1_复制3"图层，❷重新显示并选中"图层1_复制4"图层，❸使用"选择工具"单击选中图层中的图像。

## 02 应用"壁画"效果

执行"效果 > 效果画廊"菜单命令，打开"效果画廊"对话框，❶在对话框中单击"艺术效果"组中的"海报边缘"效果，❷输入"边缘厚度"为7、"边缘强度"为3、"海报化"为0，❸设置完毕后单击"确定"按钮。

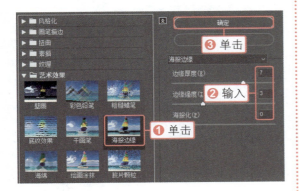

## 03 设置混合模式和不透明度

对图像应用"海报边缘"效果后，重新显示下方隐藏的图层，打开"透明度"面板，❶在面板中设置混合模式为"明度"，❷"不透明度"为23%。

## 4. 使用"纹理"效果组

　　"纹理"效果组中的效果可以为图像添加一种深度或物质纹理的外观。"纹理"效果组包含"龟裂缝""颗粒""马赛克拼贴"等6种效果。下面使用"纹理"效果组中的"纹理化"效果，在图像中添加画布纹理，增强画面质感，具体操作步骤如下。

## 01 选择图层中的图像

使用"选择工具"选中"图层1_复制4"图层中处理过的人物图像，执行"效果 > 效果画廊"菜单命令，打开"效果画廊"对话框。

## 02 应用"纹理化"效果

❶在对话框中单击"纹理"效果组中的"纹理化"效果，❷选择"画布"纹理，❸输入"缩放"为128、"凸现"为20，❹设置"光照"方向为"左上"，❺设置完毕后单击"确定"按钮。

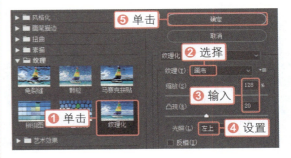

## 03 查看应用的"纹理化"效果

应用"纹理化"效果后，按快捷键【Ctrl++】，放大显示图像，可以看到人物图像中呈现清晰的"画布"纹理。

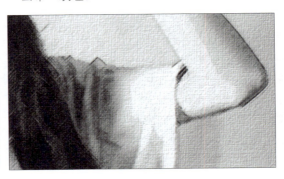

## 04 绘制图形

❶单击"图层"面板中的"创建新图层"按钮，新建"图层6"图层，选择"矩形工具"在画面中单击，❷在打开的对话框中设置"宽度"为210mm、"高度"为297mm，❸单击"确定"按钮，绘制一个与画板同等大小的矩形。

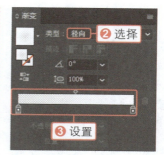

## 05 设置渐变并填充图形

❶单击工具箱中的"渐变"按钮，填充渐变，打开"渐变"面板，❷在面板中选择"径向"渐变类型，❸设置从透明到白色的渐变颜色，填充图形。

## 06 更改混合模式

打开"透明度"面板，❶在面板中设置混合模式为"叠加"，❷输入"不透明度"为70%，降低图像不透明度，提亮图像边缘。

## 9.3.2 使用其他效果

在编辑图像时，除了应用"效果画廊"中的效果外，还可以应用其他的效果处理对象。在 Illustrator 中的"效果"菜单下，除了"效果画廊"中的效果组，还包含"像素化""模糊""视频"等另外一些效果。下面对比较常用的"像素化"效果组和"模糊"效果组进行介绍。

◎ 素　材：随书资源\实例文件\09\素材\06.ai、07.ai
◎ 源文件：随书资源\实例文件\09\源文件\详细操作\使用其他效果.ai

### 1. 使用"像素化"效果组

"像素化"效果组是基于栅格的效果，此效果组中的效果通过将颜色值相近的像素集结成块来清晰地定义一个区域，得到类似于色彩构成的效果。"像素化"效果组包含"彩色半调""晶格化""点状化""铜版雕刻"4种效果。下面使用"彩色半调"和"点状化"效果加强图像纹理，具体操作步骤如下。

### 01 绘制图形并调整混合模式

打开06.ai素材文件，新建"图层6"图层，使用"矩形工具"绘制一个与画板同等大小的白色矩形，打开"透明度"面板，❶设置混合模式为"叠加"、"不透明度"为70%。复制并就地粘贴白色矩形，❷设置其填充颜色为R119、G41、B23，❸在"透明度"面板中设置混合模式为"滤色"、"不透明度"为100%。

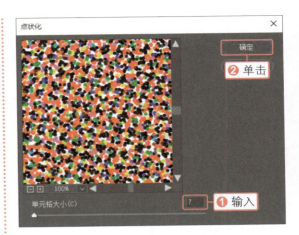

## 02 复制图形

按快捷键【Ctrl+C】，复制矩形图形，执行"编辑 > 就地粘贴"菜单命令，粘贴图形，并选中粘贴的矩形图形。

## 05 绘制图形并填充渐变

对图像应用"彩色半调"和"点状化"效果后，选择"矩形工具"，再绘制一个与画板同等大小的矩形，❶单击工具箱中的"渐变"按钮，填充渐变，打开"渐变"面板，❷在面板中选择"径向"渐变类型，❸设置要应用的渐变颜色，填充矩形。

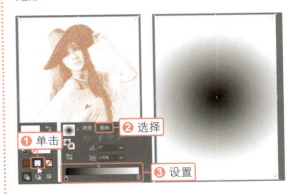

## 03 应用"彩色半调"效果

执行"效果 > 像素化 > 彩色半调"菜单命令，打开"彩色半调"对话框，❶在对话框中输入"最大半径"为 15，❷单击"确定"按钮。

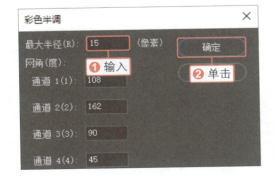

## 06 选择图形并创建不透明蒙版

打开"图层"面板，❶按住【Shift】键不放，选中"图层 6"图层中的两个矩形对象，打开"透明度"面板，❷单击面板右上角的扩展按钮，❸在展开的面板菜单中执行"建立不透明蒙版"命令。

## 04 应用"点状化"效果

执行"效果 > 像素化 > 点状化"菜单命令，打开"点状化"对话框，❶在对话框中输入"单元格大小"为 7，❷单击"确定"按钮。

 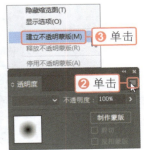

## 07 编辑蒙版

建立不透明蒙版后，❶单击"透明度"面板中的蒙版缩览图，❷然后单击工具箱中的"渐变工具"，❸从人物脸部位置向外侧拖动，通过调整渐变效果编辑蒙版。

## 2. 使用"模糊"效果组

"模糊"效果组通过削弱图像中相邻像素的对比度，使相似的像素产生平滑过渡效果。"模糊"效果组包含"径向模糊""特殊模糊""高斯模糊"3个效果。下面将在画面中置入花朵图像，应用"高斯模糊"效果模糊图像，丰富画面效果，具体操作步骤如下。

## 01 置入花朵符号

新建"图层7"图层，执行"窗口>符号库>花朵"菜单命令，打开"花朵"面板，❶在面板中单击选中需要置入的花朵符号，❷将其拖动到画板中，应用"选择工具"选中置入的花朵图像，将其调整至合适的大小，然后将鼠标指针移到定界框转角附近，当指针变为↰形时，单击并拖动，旋转图像。

## 02 应用"高斯模糊"效果

执行"效果>模糊>高斯模糊"菜单命令，打开"高斯模糊"对话框，❶在对话框中勾选"预览"复选框，❷设置"半径"为5，❸单击"确定"按钮。

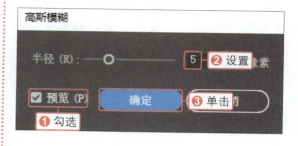

## 03 查看应用后的效果

在画板中取消选中状态，查看应用"高斯模糊"后的花朵图像。

## 04 置入另一花朵符号

打开"花朵"面板，❶在面板中单击选中需要置入的另一花朵符号，❷将其拖动到画板中，❸单击"属性"面板中的"沿水平轴翻转"按钮，翻转图像，再应用"选择工具"选中置入的花朵图像，调整花朵的大小和角度。

## 05 重复应用"高斯模糊"效果

执行"效果 > 应用'高斯模糊'"菜单命令，或者按快捷键【Ctrl+Shift+E】，对新置入的花朵图像应用相同的"高斯模糊"效果。

## 06 选择图像并执行"壁画"命令

使用"选择工具"同时选中两个花朵图像，执行"效果 > 艺术效果 > 壁画"菜单命令，打开"壁画"对话框。

## 07 设置"壁画"选项

❶在打开的"壁画"对话框中输入"画笔大小"为 2、"画笔细节"为 8、"纹理"为 1，❷设置完毕后单击"确定"按钮。

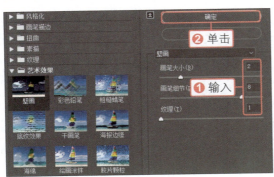

## 08 查看应用的"壁画"效果

在画板中取消选中状态，查看应用"壁画"效果后的花朵图像。

## 09 设置混合模式

使用"选择工具"同时选中两个花朵图像，打开"透明度"面板，❶在面板中将混合模式设置为"正片叠底"，❷输入"不透明度"为 58%，混合图像，将花朵融合到背景中。

## 10 选择并置入符号

执行"窗口 > 符号库 > 点状图案矢量包"菜单命令，打开"点状图案矢量包"面板，❶在面板中单击选中需要置入的符号，❷将选中的符号拖动到画板中，并将其调整到合适的大小。

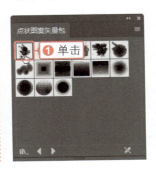

231

## 11 设置颜色和混合模式

断开符号链接，按快捷键【Ctrl+G】，将图形编组，打开"颜色"面板，❶单击右上角的扩展按钮，在展开的菜单中单击"RGB"命令，❷设置填充颜色为R98、G215、B217，更改填充颜色，打开"透明度"面板，❸在面板中设置混合模式为"正片叠底"，混合图像。

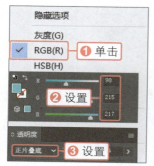

## 12 复制图形并更改填充颜色

按快捷键【Ctrl+C】，复制图形，按快捷键【Ctrl+V】，粘贴图形，打开"颜色"面板，在面板中将填充颜色设置为R244、G146、B187，然后调整图形的角度和大小。

## 13 复制图形并设置混合模式

打开07.ai素材文件，选中花朵图形，将其复制到人物图像上方，打开"透明度"面板，在面板中设置混合模式为"差值"，混合图像。

## 14 绘制线条图形

按快捷键【Ctrl+C】，复制图形，❶执行"编辑>就地粘贴"菜单命令，粘贴图形，❷选择"钢笔工具"，在画面中绘制两条曲线。

## 15 设置描边颜色

❶单击工具箱中的"无"按钮，去除填充颜色，❷单击"描边"按钮，启用描边选项，❸单击"渐变"按钮，应用渐变描边，❹打开"渐变"面板，在面板中设置从R249、G220、B187到R248、G246、B241的渐变颜色。

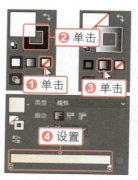

## 16 设置"混合选项"

双击工具箱中的"混合工具"，打开"混合选项"对话框，❶在对话框中选择"指定的步数"间距选项，❷输入步数为30，❸单击"确定"按钮。

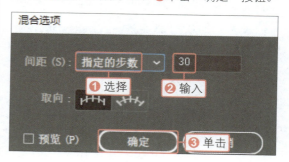

第9章

## 17 单击混合图形

应用"混合工具"分别单击两条曲线路径上的锚点，创建混合的线条效果。

## 19 应用"高斯模糊"效果

为使添加的线条变得更加柔和，使用"选择工具"选中线条图形，执行"效果 > 模糊 > 高斯模糊"菜单命令，打开"高斯模糊"对话框，❶在对话框中勾选"预览"复选框，❷然后将"半径"设置为 2，❸单击"确定"按钮，模糊线条图形。

## 18 调整不透明度

打开"透明度"面板，在面板中将"不透明度"设置为 80%，降低线条的不透明度，使线条与下方的图像融合在一起。

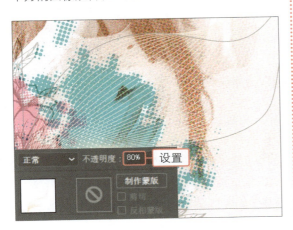

## 20 调整堆叠顺序并输入文字

使用"选择工具"选中线条图形，连续按快捷键【Ctrl+[】多次，将线条图形后移到合适的层次，最后使用"文字工具"在画板右下角输入文字，完善画面效果。

---

**技巧提示** **释放混合对象**

　　释放一个混合对象会删除新对象并恢复原始对象。选择文档中混合后的对象，执行"对象 > 混合 > 释放"菜单命令即可释放混合对象。

## 9.4 课后练习

本章通过三个典型的实例讲解了多种效果的设置和应用方法，主要包括 3D、SVG 滤镜、变形、扭曲和变换、效果画廊、像素化、模糊等效果。下面通过习题来进一步巩固所学知识。

### 习题1——设计化妆品海报

设计化妆品海报时要充分考虑目标用户的喜好，将产品的外形、功能、使用效果等要素表现出来。本习题要为一款化妆品设计海报。在设计过程中，使用层层叠加的图形赋予画面层次感，将需要着重展示的产品置于整个画面的视觉重心上。为了突出产品成分是纯天然植物提取的特点，在画面中添加了一些矢量花纹作为修饰。

● 用"矩形工具"和"钢笔工具"绘制图形，为图形填充不同的颜色，作为背景图像；

● 选择绘制的一部分图形，为图形添加上"投影"效果，使图形呈现出层次感；

● 使用"钢笔工具"绘制图形，应用"绕转"3D 效果制作出具有立体感的化妆品瓶子效果；

● 在瓶子下方绘制图形，应用"模糊"效果模糊图形，制作出逼真的投影。

◎ 素　材：无
◎ 源文件：随书资源\课后练习\09\源文件\设计化妆品海报.ai

### 习题2——制作店铺周年庆广告

很多店铺都会定期做一些促销活动。一个优秀的促销活动广告可以吸引更多消费者的注意，从而提高他们购买商品的可能性。本习题要为某店铺的周年庆活动设计广告。在设计时大面积使用橙色，以更好地渲染庆祝的氛围。

● 使用"矩形工具"绘制平面化的矩形图形，使用"凸出和斜角"3D 效果制作立方体图形；

● 复制立方体图形，调整图形的大小和位置后，更改 3D 效果选项，使立方体图形呈现不同的光影质感；

● 使用"钢笔工具"绘制更多几何图形，应用 3D 效果制作出 3D 图形；

● 使用"文字工具"输入文字并制作 3D 文字效果，最后将鞋子素材复制到画面中，调整混合模式和不透明度。

第9章

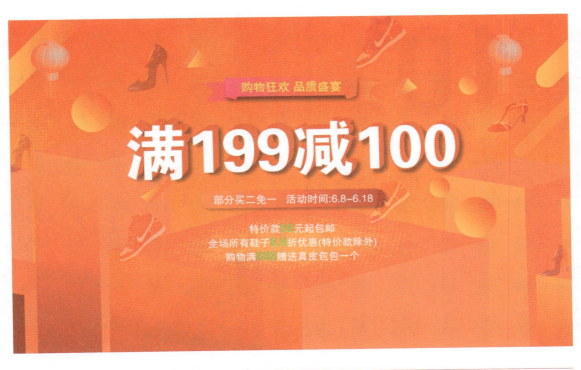

◎ 素　材：随书资源\课后练习\09\素材\01.ai～03.ai
◎ 源文件：随书资源\课后练习\09\源文件\制作店铺周年庆广告.ai

读书笔记

# 第10章

## 自动化与输出

　　利用 Illustrator 提供的自动化处理功能能够轻松完成重复性的操作，节约大量时间。当作品制作完成后，可根据不同的用途选择合适的方式输出作品，不但可以保护自己的作品，而且还便于应用其他软件查看作品效果。Illustrator 提供了多种输出文件的方式，用户可以通过执行"导出"命令选择合适的输出方式输出文件，并且可以通过设置打印选项打印作品。本章将介绍使用动作自动化处理文档以及作品的输出与打印等相关知识。

## 10.1 制作文学类书籍封面

　　书籍的封面以艺术设计的形式来反映书籍的内容，它是书籍装帧的重要组成部分，更是一个无声的推销员，在一定程度上影响着读者的购买欲。本实例要为一本以"知识改变命运"为主题的文学类书籍设计封面。设计时将扭曲的线条图形按照一定的秩序排列成放射状，引导观者的视线集中在书名上；同时运用许多错位排列的圆形图形，将有关知识的名人名言一一罗列出来，与书籍内容相互呼应。

原　图

效果图

### 10.1.1 创建和记录动作

　　在 Illustrator 的"动作"面板中预置了命令、图像效果和处理的动作和动作集。用户可以直接使用，也可以根据需要创建新的动作或动作集，下面分别进行介绍。

◎ 素　材：随书资源\实例文件\10\素材\01.ai
◎ 源文件：随书资源\实例文件\10\源文件\详细操作\创建和记录动作.ai

#### 1．创建动作集

　　Illustrator 自带一个"默认 _ 动作"动作集，这个动作集中的动作不一定能满足用户的需要，此时用户可以自行创建新的动作集，具体操作步骤如下。

**01 单击"创建新动作集"按钮**

打开 01.ai 素材文件，执行"窗口 > 动作"菜单命令，打开"动作"面板，单击面板底部的"创建新动作集"按钮。

**02 输入新建动作集的名称**

打开"新建动作集"对话框，❶在对话框中输入动作集名称为"书籍封面"，❷单击"确定"按钮。

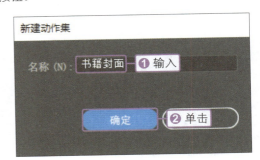

第
10
章

## 03　查看新建动作集

在"动作"面板中查看新创建的"书籍封面"动作集。

## 2．创建动作

创建动作集后，接下来就可以在动作集中录制新的动作。在"动作"面板中单击"创建新动作"按钮，可以在选定动作集中创建新动作。如果未创建新的动作集，则创建的动作将自动添加到"默认_动作"动作集中。下面将通过创建动作向书籍封面添加文字和图形，具体操作步骤如下。

## 01　单击"创建新动作"按钮

打开"动作"面板，❶单击选中新创建的"书籍封面"动作集，❷单击面板底部的"创建新动作"按钮。

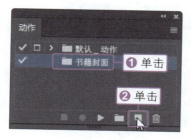

## 02　设置"新建动作"选项

打开"新建动作"对话框，❶在对话框中输入新建动作的名称为"封底图形"，其他选项不变，❷单击"记录"按钮。

## 03　新建动作

在"动作"面板中可看到创建的"封底图形"动作，并开始记录动作中的操作。

## 04　使用"椭圆工具"绘制图形

❶单击选择工具箱中的"椭圆工具"，❷按住【Shift】键不放，在画板中合适的位置单击并拖动鼠标，绘制圆形图形。

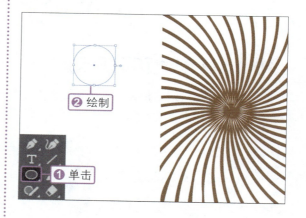

## 05　设置填充颜色

❶双击工具箱中的"填色"按钮，打开"拾色器"对话框，❷在对话框中输入填充颜色为R230、G0、B18，❸单击"确定"按钮。

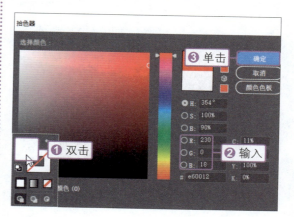

## 06　设置描边颜色

在"属性"面板中的"外观"选项组中，❶单击"描边"选项左侧的色框，❷在展开的面板中单击"白色"色块，设置描边颜色。

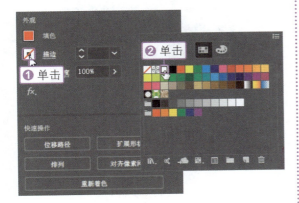

## 07　调整描边粗细

单击"描边"选项右侧的下拉按钮，在展开的下拉列表中选择"2 pt"选项，更改描边线条的粗细。

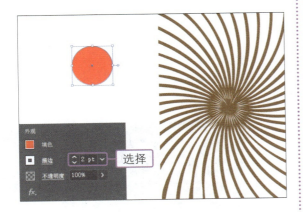

## 08　停止记录动作

打开"动作"面板，单击面板底部的"停止播放 / 记录"按钮，停止记录动作。

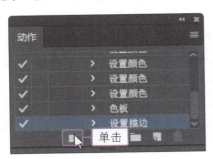

## 09　使用"文字工具"输入文字

单击选择工具箱中的"文字工具"，在画面中单击并拖动鼠标，绘制一个文本框，并在文本框中输入对应的文本内容。

## 10　创建新动作

打开"动作"面板，❶单击选中"书籍封面"动作集，❷单击面板底部的"创建新动作"按钮。

## 11　设置"新建动作"选项

打开"新建动作"对话框，❶在对话框中输入新建动作的名称为"名言警句"，❷输入后单击"记录"按钮，开始记录动作。

## 12　更改文字填充颜色

在"属性"面板中的"外观"选项组中，❶单击"填色"选项左侧的色块，❷在展开的面板中单击"白色"色块，更改文本框中的文字颜色。

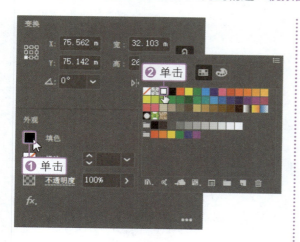

### 13　设置字符属性

❶在"字符"选项组中设置字体系列为"方正黑体简体"，❷设置"字体大小"为 9 pt、"行距"为 14 pt。

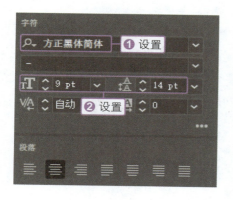

### 14　设置段落属性

单击"段落"选项组中的"更多选项"按钮，显示更多段落选项，❶单击"居中对齐"按钮，更改段落文本的对齐方式，❷在"首行左缩进"文本框中输入缩进量为 8 pt，为段落文本指定首行缩进效果。

### 15　查看设置后的效果

完成段落属性的设置后，在画板中可以看到设置后的段落文本效果。

### 16　停止记录动作

经过前面的操作，完成了文字的设置，打开"动作"面板，单击面板底部的"停止播放／记录"按钮，停止记录动作。

## 10.1.2　应用动作

　　记录完动作后，即可应用动作快速完成记录的一系列操作。下面将首先应用上一小节中创建的两个动作快速绘制多个圆形，以及快速设置文字的颜色、字体、大小等格式，然后应用预设动作快速拼合图形并调整其透明度。

　◎　素　材：无
　◎　源文件：随书资源\实例文件\10\源文件\详细操作\应用动作.ai

第 10 章

## 1. 应用新创建的动作

创建新动作后，该动作会被存储到"动作"面板中，用户可以通过选择并应用该动作快速地完成操作。下面应用前面创建的动作，在封面中添加更多相似的图形和文字，具体操作步骤如下。

### 01 选择并播放动作

取消所有对象的选中状态，打开"动作"面板，❶单击选中"书籍封面"动作集下的"封底图形"动作，❷单击"播放当前所选动作"按钮 ▶。

### 02 查看播放动作的效果

单击"播放当前所选动作"按钮后，在画板中自动绘制了一个同等大小的圆形图形。

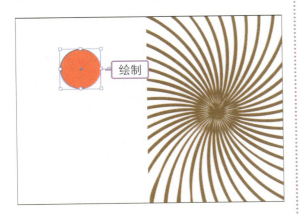

### 03 继续播放动作并绘制更多图形

连续播放"封底图形"动作，在画面中创建更多的圆形。将创建的圆形移到不同的位置上，适当调整圆形的大小，再使用"选择工具"选中一部分圆形。

### 04 更改部分圆形的填充颜色

打开"颜色"面板，在面板中设置填充颜色为R130、G81、B33，更改画板中选中圆形的填充颜色。

### 05 使用"文字工具"输入文字

选择工具箱中的"文字工具"，在画面中单击并拖动，绘制出多个文本框，并在绘制的文本框中输入相应的名人名言，使用"选择工具"选中其中一个文本框。

## 06 选择并播放动作

打开"动作"面板，❶单击选择"书籍封面"动作集下的"名言警句"动作，❷单击"播放当前所选动作"按钮。

## 07 应用动作处理文字

播放动作后在画板中查看更改文字字体、大小和颜色后的效果。

## 08 继续播放动作

继续使用相同的方法，选中画板中的其他文本框，播放"动作"面板中的"名言警句"动作，为文本设置相同的字体、大小和颜色，统一版面效果。

## 2. 应用预设动作

除了可以对选中的对象应用新建的动作，还可以应用软件中的预设动作来处理对象。应用预设动作的方法与应用新建动作的方法相同。下面应用预设动作拼合图形并调整其透明度，具体操作步骤如下。

## 01 使用"矩形工具"绘制图形

❶单击选择工具箱中的"矩形工具"，❷在红色的圆形上方单击并拖动，绘制一个白色的矩形。

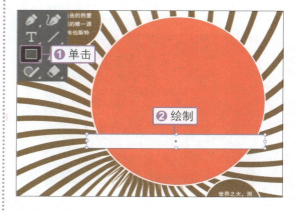

## 02 复制红色圆形

选中红色的圆形，按快捷键【Ctrl+C】，复制圆形，执行"编辑 > 就地粘贴"菜单命令，在原位置粘贴复制的圆形。

## 03 选择矩形和圆形图形

选择工具箱中的"选择工具"，按住【Shift】键不放，依次单击上层的圆形和下层的矩形图形，将其同时选中。

第10章

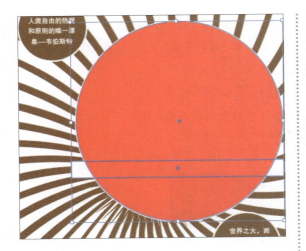

### 04 选择并播放动作

打开"动作"面板，展开"默认_动作"动作集，❶单击选中"交集（所选项目）"动作，❷单击面板底部的"播放当前所选动作"按钮▶，播放动作，创建复合图形。

### 06 绘制图形

使用"椭圆工具"在封面上再绘制几个红色小圆，并添加相应的文字，然后结合"矩形工具"和"钢笔工具"在画板中间位置绘制书脊图形，应用"选择工具"选中书脊下方的图形。

### 05 设置颜色

❶单击工具箱中的"互换填色和描边"按钮，互换填充颜色和描边颜色，启用描边选项，❷单击"无"按钮，去除描边颜色。

### 07 选择并播放动作

打开"动作"面板，展开"默认_动作"动作集，❶单击选中"不透明度 60（所选项目）"动作，❷单击面板底部的"播放当前所选动作"按钮▶，播放动作，更改所选图形的不透明度。

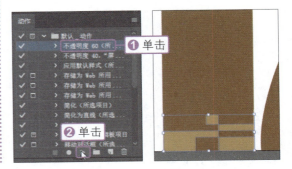

## 10.1.3 在动作中插入停止

在动作中插入停止命令，是为了便于执行无法记录的任务，例如，使用绘图工具。在动作中插入停止命令后，当播放到停止位置时，Illustrator 就将自动暂停播放动作，此时用户可以手动执行相应的任务，完成任务后，再单击"动作"面板中的"播放当前所选动作"按钮即可继续完成动作的播放，具体操作步骤如下。

◎ 素　材：无
◎ 源文件：随书资源\实例文件\10\源文件\详细操作\在动作中插入停止.ai

## 01　执行"插入停止"命令

打开"动作"面板，展开"封底图形"动作，❶单击选中"设置颜色"操作，❷单击面板右上角的扩展按钮■，❸执行"插入停止"命令。

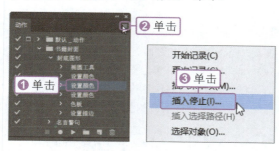

## 02　设置"记录停止"选项

打开"记录停止"对话框，❶在对话框中输入"更改填充颜色"提示信息，❷勾选"允许继续"复选框，❸单击"确定"按钮。

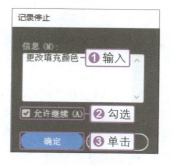

## 03　插入停止并播放动作

❶可看到在选中的操作后插入了停止命令，❷单击选择"封底图形"动作，❸单击"动作"面板底部的"播放当前所选动作"按钮▶，播放选中的动作。

## 04　播放动作时暂停

当动作播放到插入停止的那一步操作时，弹出 Adobe Illustrator 提示对话框，单击对话框中的"停止"按钮，先暂停动作。

## 05　选择图形

❶单击工具箱中的"选择工具"按钮，❷单击选中应用动作创建的红色圆形，❸双击工具箱中的"填色"按钮。

## 06　设置填充颜色

打开"拾色器"对话框，❶在对话框中输入填充颜色为 R130、G81、B33，❷输入后单击"确定"按钮。

第 10 章

## 07　查看效果

更改选中圆形的颜色后，在画板中查看更改颜色后的图形效果。

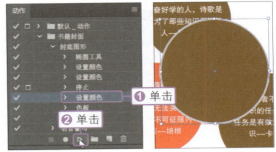

## 08　继续播放动作

❶单击选中动作中的"设置颜色"命令，❷单击"播放当前所选动作"按钮，继续播放动作，为图形添加白色的描边效果。

## 09　播放动作并处理更多图形

使用同样的方法，在画面中绘制更多的圆形，并适当调整圆形的填充颜色。

---

## 10.1.4 | 存储与载入动作

在"动作"面板中创建新动作集和动作后，可以将创建的动作集中的所有动作存储下来，作为备份或分享给其他用户。此外，还可以将下载的动作载入到"动作"面板中，应用于图稿的编辑。下面分别介绍存储动作和载入动作的方法。

◎ **素　材：**随书资源\实例文件\10\素材\02.ai、03.ai、文字版式.aia
◎ **源文件：**随书资源\实例文件\10\源文件\详细操作\存储与载入动作.ai、书籍封面动作.aia

### 1．存储动作

存储动作只能将创建的动作集存储为 aia 动作文件，不能存储单个动作。下面将存储前面创建的"书籍封面"动作集，具体操作步骤如下。

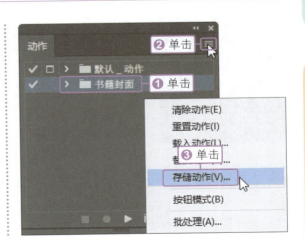

## 01　执行"存储动作"命令

打开"动作"面板，❶单击选中"书籍封面"动作集，❷单击面板右上角的扩展按钮，❸在展开的面板菜单中执行"存储动作"命令。

## 02　设置动作存储的位置

打开"将动作集存储到："对话框，❶在对话框中选择动作集的存储位置，❷输入文件名为"书籍封面动作"，❸单击"保存"按钮，存储动作集中的所有动作。

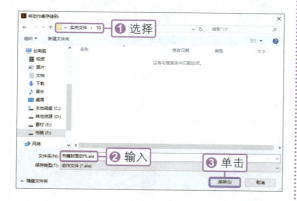

## 2．载入动作

在处理图稿时，如果不想创建动作，也可以从网上下载一些动作。动作下载完成后，可以通过执行"动作"面板菜单中的"载入动作"命令，将该动作载入到"动作"面板，然后应用于选定对象，具体操作步骤如下。

## 01　执行"载入动作"命令

❶单击"动作"面板右上角的扩展按钮，❷在展开的面板菜单中执行"载入动作"命令。

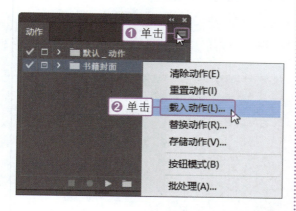

## 02　选择要载入的动作

打开"载入动作集自："对话框，❶在对话框中选择动作的存储路径，❷单击选中需要载入的"文字版式"动作集文件，❸单击"打开"按钮。

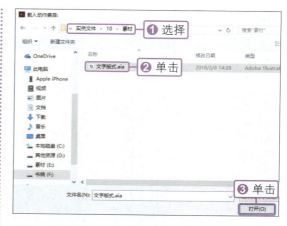

## 03　查看载入的动作

可看到载入了名为"文字设置"的动作集，单击动作集前方的折叠按钮，展开动作集，查看动作集中包含的所有动作。

## 04　选择并播放动作

选择工具箱中的"文字工具"，在封面中输入文字，❶使用"选择工具"单击选中一个文本对象，打开"动作"面板，❷单击选中"文字设置"动作集中的"标题1"动作，❸单击"播放当前所选动作"按钮▶。

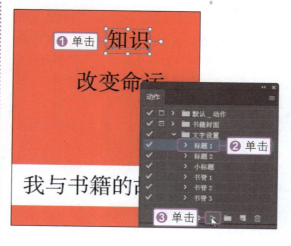

## 05 选择文字对象

"标题1"动作播放完毕后，在画板中可看到更加醒目的标题文字。使用"选择工具"单击选中下方一排文字。

## 06 播放动作

打开"动作"面板，❶单击选中"文字设置"动作集下的"标题2"动作，❷单击"播放当前所选动作"按钮，播放动作，对文字应用动作效果。继续使用同样的方法，对文字应用不同的动作，完成版面文字的设置。

## 07 设置"投影"效果

使用"选择工具"选中"知识"和"改变命运"两组标题文字，执行"效果 > 风格化 > 投影"菜单命令，打开"投影"对话框，❶在对话框中设置"不透明度"为50%、"X位移"为1.5 mm、"Y位移"为1 mm、"模糊"为0 mm，❷设置后单击"确定"按钮。

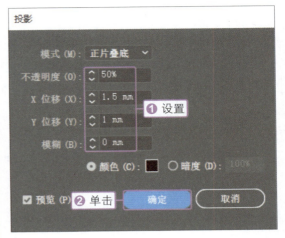

## 08 查看应用效果后的文字

对选中的文字应用"投影"样式后，在画板中查看文字效果。

## 09 添加徽标和更多的文字

结合"文字工具"和"字符"面板适当调整封面中部分文字的字体、颜色等，然后打开02.ai条码和03.ai徽标素材，将条码和徽标图形复制到书籍封面中，完成书籍封面的制作。

## 10.2 | 输出和打印作品

作品设计完毕后，输出和打印文件也是至关重要的一步，这是用户对自己作品的保护和负责的表现。下面介绍一些常用的输出和打印作品的技巧。

### 10.2.1 | 导出文件

Illustrator 提供了三种导出文件的方式，分别为"导出为多种屏幕所用格式"、"导出为"指定的文件格式、"存储为 Web 所用格式"。作品设计完毕后，可以根据最终的需求，选择合适的方式导出作品。下面分别对三种导出作品的操作过程进行介绍。

◎ 素　材：随书资源\实例文件\10\素材\04.ai、05.ai
◎ 源文件：随书资源\实例文件\10\源文件\详细操作\导出为多种屏幕所用格式
　　　　　画板1.png～3.png、导出为指定格式.jpg、图像（文件夹）

#### 1. 导出为多种屏幕所用格式

"导出为多种屏幕所用格式"可以通过一步操作生成不同大小和文件格式的资源。例如，在移动设备应用程序开发情景中，用户体验设计师可能需要频繁重新生成更新的图标和徽标，此时就可以将这些图标和徽标添加到"资源导出"面板中，然后通过单击一次按钮，将其导出为多种文件类型和大小。

#### 01　选择文件并执行导出操作

打开 04.ai 素材文件，执行"文件 > 导出 > 导出为多种屏幕所用格式"菜单命令，打开"导出为多种屏幕所用格式"对话框。

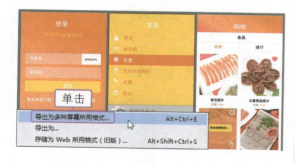

#### 02　设置导出选项

在"导出为多种屏幕所用格式"对话框中默认选择为"全部"，即导出文件包含的所有画板内容，单击"导出至"选项组中的"选择放置导出文件的文件夹"按钮。

#### 03　选择导出文件的存储位置

打开"选取位置"对话框，❶在对话框上方选择导出文件的存储位置，❷单击选择用于存储导出文件的文件夹，❸设置后单击"选择文件夹"按钮。

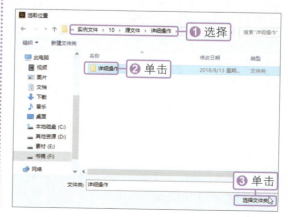

第10章

## 04　设置更多导出选项

返回"导出为多种屏幕所用格式"对话框，❶取消"创建子文件夹"复选框的勾选状态，由于此实例文件在创建的时候，选择了预设的"iPhone 6/6s"宽度和高度进行编辑，因此，为了更完整地输出多个画板中的图稿，❷单击"格式"下方的"删除缩放"按钮█，删除下方的几个预设，❸输入导出文件前缀名，❹单击"导出画板"按钮。

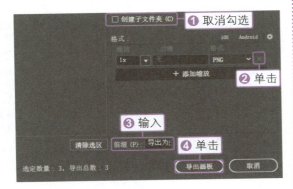

## 05　导出文件

软件会将选择的画板导出至选定的文件夹中，在文件夹中查看导出的图像效果。

导出为多种屏幕所用格式画板 1.png　导出为多种屏幕所用格式画板 2.png　导出为多种屏幕所用格式画板 3.png

## 2. 导出为指定格式

　　Illustrator 支持 JPEG、PSD、PNG、TIFF 等多种格式的文件导出。执行"导出为"菜单命令，打开"导出"对话框，在对话框中设置选项，即可将作品导出为指定的格式。在"导出"对话框中选择不同的导出格式，会打开不同的导出选项对话框，在对话框中可以完成更多的选项设置，以确保文件的导出效果，具体操作步骤如下。

## 01　执行"导出为"命令

执行"文件 > 导出 > 导出为"菜单命令，打开"导出"对话框，❶在"导出"对话框中选择导出文件的存储位置，❷输入导出的文件名为"导出为指定格式"，❸在"保存类型"下拉列表中选择导出的文件格式为 JPEG(*.JPG)，❹单击"导出"按钮。

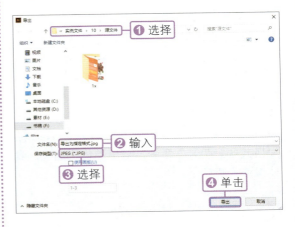

## 02　设置JPEG选项

弹出"JPEG 选项"对话框，这里采用默认的选项设置，直接单击下方的"确定"按钮。

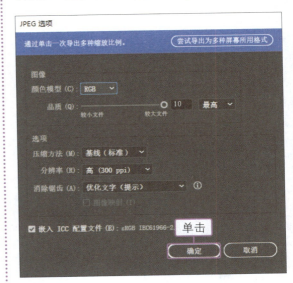

## 03　导出文件

随后在选择的文件夹中可以看到以 JPEG 格式导出的图像，3 个画板中的图稿被放置在同一张图片中。

在动作中插入停止.ai　　　　导出为指定格式.jpg

## 3. 存储为Web所用格式

　　Illustrator 提供了多种工具用来创建和输出网页，并且还能快速优化网页中的图像。执行"存储为 Web 所用格式（旧版）"命令，可以将设计好的网页图像导出为 Web 所用格式。下面使用"切片工具"对编辑好的网页图像进行切片设置，然后执行"存储为 Web 所用格式（旧版）"命令，导出并优化图像，具体操作步骤如下。

### 01　使用"切片工具"创建切片

打开编辑好的 05.ai 素材文件，❶单击选择工具箱中的"切片工具"，将鼠标指针移到网页图像标题栏位置，❷单击并拖动鼠标。

### 02　创建切片

释放鼠标，创建网页切片。继续使用同样的方法，在画板中单击并拖动，创建更多的网页切片。

### 03　设置存储选项

执行"文件 > 存储为"菜单命令，打开"存储为"对话框，❶在对话框中选择新的存储位置存储创建切片后的图像，❷输入文件名，❸单击"保存"按钮，在弹出的"Illustrator 选项"对话框中直接单击"确定"按钮，保存文件。

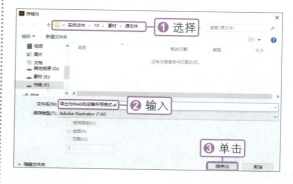

### 04　存储为Web所用格式

执行"文件 > 导出 > 存储为 Web 所用格式（旧版）"菜单命令，打开"存储为 Web 所用格式"对话框。

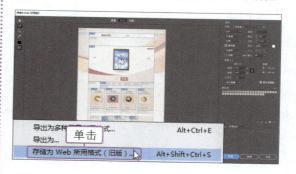

### 05　设置导出选项

❶在对话框中单击"名称"下拉按钮，在展开的下拉列表中选择所需的格式，❷单击"压缩品质"下拉按钮，在展开的下拉列表中选择"最高"选项，提高导出图像的品质，设置后单击"存储"按钮。

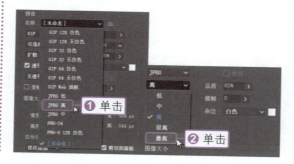

## 06 选择导出文件的存储位置

打开"将优化结果存储为"对话框，❶选择优化图像的存储位置，❷输入导出后的文件名，❸单击"保存"按钮，弹出 Adobe Illustrator 警示对话框，❹单击对话框中的"确定"按钮。

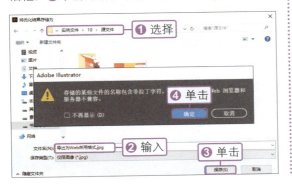

## 07 导出文件

导出文件后，在指定的导出文件夹中将生成一个"图像"文件夹，双击打开文件夹，可看到导出的所有切片图像。

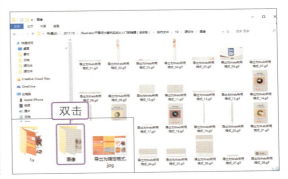

# 10.2.2 设置打印选项

Illustrator 的"打印"对话框中有多个选项卡，每个选项卡中的选项都是为了指导用户完成打印过程而设计的。要显示选项卡中的选项，需要在对话框左侧单击对应的选项卡的名称。下面对"打印"对话框中的几个常用选项卡进行介绍。

◎ 素　材：随书资源\实例文件\10\素材\06.ai
◎ 源文件：随书资源\实例文件\10\源文件\详细操作\设置打印选项.pdf

## 1. 常规打印

"常规"选项卡用于设置页面大小和方向、指定要打印的页数、缩放图稿、指定拼贴选项及要打印的图层。下面应用"常规"选项卡更改页面大小和方向，具体操作步骤如下。

## 01 执行"打印"命令

打开 06.ai 素材文件，执行"文件 > 打印"菜单命令，打开"打印"对话框。

## 02 调整打印页面的方向和大小

❶在"打印"对话框中单击取消"自动旋转"复选框的勾选状态，❷单击"竖向"按钮，更改文档打印方向，❸再单击"缩放"下拉按钮，在展开的下拉列表中单击选择"调整到页面大小"选项，缩放文档打印大小。

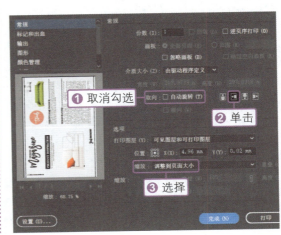

## 2．添加标记和出血

准备打印图稿时，打印设备需要几种标记来精确套准图稿元素并校验正确的颜色。在Illustrator中，可以应用"打印"对话框中的"标记和出血"选项卡中的选项进行打印标记的设置，并且可以不采用文档的出血设置，而是由用户重新指定图稿的出血大小，具体操作步骤如下。

### 01　勾选标记复选框

❶单击"打印"对话框左侧的"标记和出血"选项，展开"标记和出血"选项卡，❷在选项卡中勾选"裁切标记""颜色条""页面信息"标记复选框。

### 02　设置出血选项

❶单击取消"使用文档出血设置"复选框的勾选状态，❷在"顶"选项右侧的文本框中输入出血值为5 mm，输入后单击其他任意一个文本框，对页面上、下、左、右应用相同的出血值。

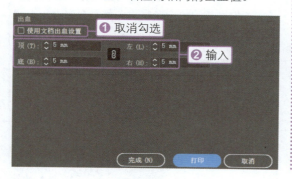

## 3．分色输出

为了在打印时重现图稿中的彩色和连续色调图像，通常会将图稿分为青色（C）、洋红色（M）、黄色（Y）、黑色（K）四种原色的印版，有时还包括无法用四种原色混合得到的特制油墨（称为专色）的印版。若着色恰当且打印时相互套准，这些颜色组合起来就会重现原始图稿。下面介绍分色输出作品的具体操作步骤。

### 01　选择"分色"打印

❶单击"打印"对话框左侧的"输出"选项，展开"输出"选项卡，❷在选项卡中单击"模式"下拉按钮，在展开的下拉列表中单击选择"分色（基于主机）"选项。

### 02　调整分色选项

单击"药膜"下拉按钮，❶在展开的下拉列表中单击选择"向下（正读）"选项，使背向感光层看时文字可读，在"打印"对话框左下角可以预览到调整药膜朝向后的效果，❷再勾选"叠印黑色"复选框，完成分色打印输出设置。

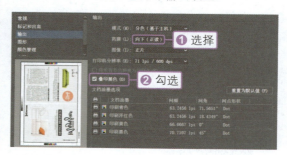

### 技巧提示　设置不同的出血值

在"打印"对话框中如果需要为图稿的"顶""左""底""右"设置不同的出血值，可以单击"出血"选项组中的"链接"图标，取消出血链接状态，然后分别在文本框中输入相应的参数即可。

第10章

## 4. 打印渐变、网格和颜色混合

　　某些打印机可能难以平滑地打印或者根本不能打印具有渐变、网格或颜色混合的文件，为了更准确地打印这类文件，可以启用"图形"选项卡中的"兼容渐变和渐变网格打印"，栅格化渐变和网格后再进行打印工作，具体操作步骤如下。

### 01　启用"兼容渐变和渐变网格打印"

❶单击"打印"对话框左侧的"图形"选项，展开"图形"选项卡，❷单击"兼容渐变和渐变网格打印"复选框，弹出提示对话框，❸单击对话框中的"确定"按钮。

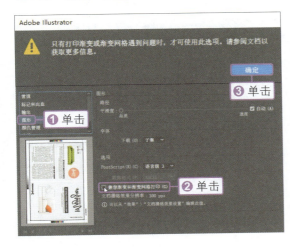

### 02　设置更多选项

返回"打印"对话框，❶在对话框中单击取消"自动"复选框的勾选状态，❷单击并向右拖动"平滑度"滑块，调整打印的平滑度，❸单击"下载"下拉按钮，在展开的下拉列表中单击选择"完整"选项，完成打印选项设置，❹单击"打印"按钮，打印文件。

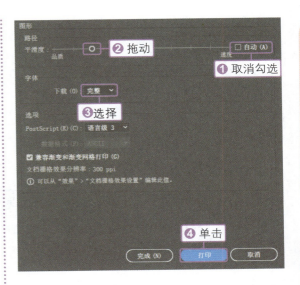

### 03　设置打印文件存储位置

打开"另存 PDF 文件为"对话框，❶在对话框中选择用于打印的 PDF 文件的存储位置，❷输入文件名"设置打印选项"，❸然后单击"保存"按钮。

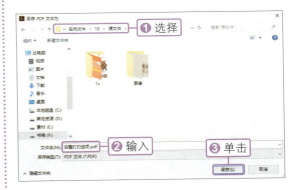

### 04　创建PDF文件

弹出 Creating Adobe PDF 对话框，在对话框中显示创建文件的进程，完成后将自动关闭该对话框。

### 05　查看效果

打开指定的存储 PDF 文件的文件夹，双击文件夹中的 PDF 文件，查看效果。

## 10.2.3 ┃ 重新定位页面上的图稿

　　"打印"对话框中的预览图像显示了页面中的图稿打印位置，用户可以根据情况调整图稿的位置，具体操作步骤如下。

◎　素　材：随书资源\实例文件\10\素材\06.ai
◎　源文件：随书资源\实例文件\10\源文件\详细操作\重新定位页面上的图稿.pdf

### 01　设置文件"宽度"和"高度"

打开 06.ai 素材文件，选择"文件 > 打印"菜单命令，打开"打印"对话框，单击"缩放"选项右侧的下拉按钮，❶在展开的下拉列表中单击选择"自定"选项，❷输入"宽度"和"高度"均为 30。

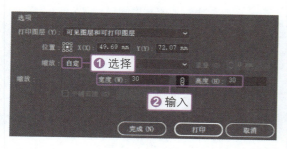

### 02　拖动以调整图稿位置

设置后在"打印"对话框左下角的预览框中显示缩放后的图稿，单击并拖动图稿，即可快速调整页面中的图稿位置。

### 03　输入参数并调整图稿位置

如果需要设置准确的位置，❶单击"位置"图标上的方块，指定将图稿与页面对齐的原点，❷然后在"X"和"Y"文本框中输入数值，精确调整图稿的位置，设置后单击"打印"按钮。

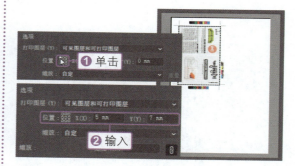

### 04　查看打印效果

双击打开创建的用于打印的 PDF 文件，可以看到图稿位于页面左下方。

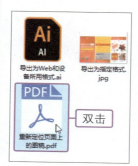

## 10.2.4 | 打印复合图稿

复合图稿是一种单页图稿。将文档以复合图稿的方式打印输出，可以让打印工作更直观，使打印出来的图稿与在绘图窗口中看到的效果一致。因此，复合图稿常用于校样整体页面设计、验证图像分辨率以及查找照排机上可能发生的问题等。打印复合图稿的步骤如下。

◎ 素　材：随书资源\实例文件\10\素材\06.ai
◎ 源文件：随书资源\实例文件\10\源文件\详细操作\打印复合图稿.pdf

### 01 选择"复合"打印

打开 06.ai 素材文件，选择"文件 > 打印"菜单命令，打开"打印"对话框，❶在"打印机"列表中选择"Adobe PDF"选项，❷然后单击"打印"对话框左侧的"输出"选项，单击"模式"下拉按钮，❸单击选择"复合"选项。

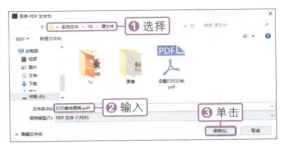

### 03 查看效果

在指定的文件夹中打开创建的打印文件，查看用于打印的复合图稿效果。

### 02 设置文件存储位置

单击"打印"按钮，打开"另存 PDF 文件为"对话框，❶在对话框中选择打印文件的存储位置，❷输入文件名，❸单击"保存"按钮。

## 10.3 | 课后练习

本章通过两个典型的实例讲解了自动化处理和输出的知识，主要包括创建和应用动作、存储与载入动作、导出图稿、设置打印选项打印作品等。下面通过习题来进一步巩固所学知识。

### 习题1——设计职场励志类书籍封面

书籍封面主要包含图形和文字两大要素。在前面的实例中讲解了文学类书籍封面的设计，本习题则是为职场励志类书籍设计封面。设计中采用鲜亮的黄色为主要配色，给人以积极明快的视觉感受，充满活力的画面与书籍的主题更加统一。

● 绘制黄色矩形背景，使用"文字工具"在图稿中输入书籍对应的文字内容；

● 选中重点文本对象，创建动作，调整文本的大小、字体及倾斜效果等；

● 选择需要应用相同效果的文本对象，通过执行"动作"面板中的动作完成文字的批量调整；

● 使用"钢笔工具"绘制图钉、便签纸等图形，对图形应用 3D 效果，得到立体 3D 模型。

◎ 素　材：随书资源\课后练习\10\素材\01.ai

◎ 源文件：随书资源\课后练习\10\源文件\设计职场励志类书籍封面.ai

## 习题2——绘制并导出旅游宣传海报

旅游宣传海报的设计需要将景点的特色表现出来。本习题要设计一张旅游宣传海报。设计时将泳池、游泳圈、西瓜等具有夏日风格的元素组合起来，刺激人们产生去热带海岛旅游的欲望。

● 结合"矩形工具"和"钢笔工具"绘制基础图形；

● 使用"直线工具"在画面中分别绘制一条垂直和水平的直线，应用"变换"效果复制出更多的线条，并将其叠加于背景中；

● 绘制水波图案，创建剪切蒙版，将水波图案叠加于水面上；

● 添加水果、游泳圈等元素，创建剪切蒙版，把多余的对象隐藏起来，最后输入相应的文字内容，执行"文件 > 导出 > 导出为多种屏幕所用格式"菜单命令，导出作品。

◎ 素　材：随书资源\课后练习\10\素材\02.ai～05.ai

◎ 源文件：随书资源\课后练习\10\源文件\绘制并导出旅游宣传海报.ai、绘制并导出旅游宣传海报.png